LA GÉOMANCIE
DES MONTS MANDINGUES

TABLE DES MATIERES

Namagan Kanté de Farabako (arrondissement de Siby, Mali).

AVANT-PROPOS

Ce livre ne saurait commencer sans un grand MERCI à Namagan Kanté, mon hôte dans le village de Farabako, qui a accepté ma présence lors de ses sessions de géomancie et qui, patiemment, a répondu à toutes mes questions. J'ai surtout été honoré par un geste particulier de Namagan : en novembre 2004, il a vérifié les schémas divinatoires d'une première version de ce livre avant de l'approuver. En janvier 2006, il a réalisé la même démarche en présence des gens du village. C'est pourquoi je trouve tout à fait normal d'attribuer à Namagan le titre de coauteur de ce livre.

Je dois également beaucoup de remerciements à des amis chercheurs avec qui j'ai pu échanger sur la géomancie. Je pense surtout à Franklin Tjon Sie Fat, Ed Noyons, Trevor Marchand, Geert Mommersteeg, Ron Eglash, Nienke Muurling, Walter van Beek, Brahima Camara, Mahamadou Faganda Keita, Marlies Bedeker et Philip Peek.

Je remercie beaucoup Boubacar Tamboura, un Néerlandais d'origine Malienne, qui a été lui-même élève d'un expert en géomancie dans sa jeunesse, pour ses conseils et sa patience lors du visionnage des films vidéos que j'avais tournés en 2002 et 2003. Sans son aide, beaucoup de choses m'auraient échappé.

Je remercie particulièrement (l'ethno-) mathématicien Paulus Gerdes (Maputo, Mozambique) qui a été si gentil de lire de façon critique deux (!) versions de ce livre et qui a profondément amélioré et changé ma connaissance et compréhension de la géomancie.

Mes remerciements vont également à Jean-Paul Colleyn pour ses remarques pertinentes et la préface qu'il a bien voulu écrire pour l'édition française.

Enfin, je suis reconnaissant envers Moussa Fofana et son équipe pour sa traduction de ce livre en français et ses efforts pour sa distribution au Mali.

Jan Jansen, Utrecht, octobre 2009

PRÉFACE
JEAN-PAUL COLLEYN

Jan Jansen a eu l'amabilité de m'inviter à préfacer cet ouvrage destiné à ouvrir les yeux du profane sur une forme de géomancie pratiquée dans les Monts Mandingues. Il faut d'abord signaler que la géomancie est très largement répandue dans toute l'Afrique et à Madagascar. Cette technique de divination n'a pas fini de faire parler d'elle, qu'elle fasse partie de notre univers mental ou qu'elle nous provoque quant à ce que l'on entend par « logique », « rationnel » ou « vrai ». Elle a quelque chose à voir avec la croyance, mais aussi avec le pragmatisme, puisqu'elle influence les prises de décision de millions de personnes. Elle se fonde sur une logique combinatoire, mais concerne aussi la psychologie puisque pour ceux qui y ont recours, elle donne forme à la quête de savoir et conditionne la confiance en soi.

Ce livre repose sur une somme de connaissances distinctes des savoirs ordinaires, car il a été acquis au prix d'une grande patience et de longs efforts ; l'auteur ayant choisi d'apprendre la géomancie « sur le tas », comme s'il était lui-même un « apprenti » confié à un maître du Mandé. Le savoir divulgué ici provenant très largement de ce maître, Namagan Kanté, Jansen lui a proposé le statut de coauteur, ce qui est une solution élégante au problème du passage du savoir oral à l'écrit, aussi bien qu'au problème de la divulgation d'une culture partiellement secrète. Jansen trouve « normale » cette cosignature, mais nous savons tous, que dans les usages ethnographiques, elle ne va pas de soi et c'est pourquoi il est bon de la signaler.

J'aimerais procéder en trois temps : d'abord donner une idée de l'ampleur et des enjeux tant intellectuels que sociologiques de la divination au Mali, ensuite m'attacher à la méthode adoptée par l'anthropologue, et enfin situer cette étude dans l'ensemble plus vaste que forment les géomanciens du monde mandé.

9

LES ENJEUX DE LA GÉOMANCIE

On ne peut assez souligner la prégnance de la divination dans la vie quotidienne au Mali. Dans le passé, au temps de la prééminence des formations politiques précoloniales - états ou chefferies, selon l'échelle -, chaque souverain avait ses devins de cour, qu'il consultait avant toute décision importante. Malgré de spectaculaires changements de la vie économique, sociale, politique et religieuse, elle n'a pas le moins du monde disparu. De nos jours encore, quelqu'un qui, par éducation familiale, est frotté à la géomancie, commencera sa journée en dressant le tableau des « nouvelles du jour » (do kibaru), afin de savoir sous quels augures elle se place. L'enjeu est d'importance, car il s'agit de réduire la part d'incertitude, l'angoisse, la souffrance, la maladie, la mort, la stérilité, l'impuissance, la misère, les calamités naturelles et les conflits. La divination propose une grille d'analyse pour tout ce qui fait signe dans la vie d'un individu, voire pour révéler sa destinée ignorée, qu'il lui faut assumer ou infléchir pour retrouver un équilibre. La condition minimale pour que devins, disciples et clients s'entendent réside dans la conviction partagée qu'il n'y a absolument rien dans le monde qui soit dépourvu de signification.

La géomancie offre un des exemples les plus frappants de formes de savoir qui transcendent les ethnies, dont on sait par ailleurs les définitions fluctuantes dans cette partie de l'Afrique comme dans d'autres (Bazin 1985 ; Amselle 1990). Il serait absurde de distinguer des systèmes divinatoires maninka, bamana, minianka, dogon, senufo, bozo, car ce n'est pas au niveau de ces identités, mais à celui des réseaux de relations maîtres-disciples que se façonnent les écoles de divination « par le sable ».

LA MÉTHODE DE L'ANTHROPOLOGUE

Jan Jansen s'est formé dans un petit village des Monts Mandingues, mais son maître, qui s'inscrit dans un vaste réseau de collègues et de clients, circule en moto entre Bamako, Kita et Siguiri, en Guinée. Si le vélo et la moto apparaissent aujourd'hui comme un moyen de production et de circulation du savoir, comme nous le disions, le caractère « international » de cette diffusion ne date pas d'hier. Notre

10

auteur a très scrupuleusement appliqué l'observation participante, une méthode dont tout anthropologue se réclame, sans pour autant toujours l'appliquer. Il décrit l'enseignement pratique prodigué par Namagan Kanté, puis analyse de manière réflexive son expérience personnelle en tant qu'apprenti géomancien. Grâce à cette méthode d'enquête «au ras du sable» et à cet ordre d'exposition, le lecteur comprend vite que les activités auxquelles se livrent maître et élèves impliquent précisément le savoir qui permet l'apprentissage et le rend descriptible. L'accent est donc mis sur ce que le maître *montre* à l'élève, plutôt que sur ce qu'il lui *dit*. Il faut donc apprendre en imitant et résister aux tentations de la glose explicative, incorrigible-ment privilégiée en Occident. Cette conscience de l'interactionnisme sociologique se révèle très productif et particulièrement adapté à la géomancie. Celle-ci est, en effet, bien plus qu'une technique de lec-ture du monde des apparences, car elle ouvre sur un autre monde, caché derrière les effets de surface de la «réalité» extérieure. Dès lors que l'on admet, comme le fait Jansen, que ce sont les interactions qui produisent les faits sociaux, le recours à la vidéo apparaît comme un choix méthodologique particulièrement adapté. La cour du devin, en tant que lieu à la fois discret et hospitalier où viennent attendre les consultants et où œuvrent, à côté du maître, les apprentis, fait l'objet de descriptions très justes.

En termes de publication, le tandem Jansen-Kanté nous livre une contribution importante, car il s'agit de la première description du système divinatoire appelé *kala jan*, à 22 cases, une variante du modèle «classique» à 16 cases décrit par leurs prédécesseurs. L'itération adoptée par Jansen montre bien que la géomancie est faite d'exercices intellectuels, car un même signe graphique peut résulter de nombreuses combinaisons différentes et, à chaque stade, l'interprétation se complique. Un fait remarquable se dégage de cette étude, comme de celles menées précédemment par Monteil (1931), Jaulin (1966), Bertaux (1987), et Kassibo (1992), c'est que jamais l'in-terprétation ne fait appel à la fameuse cosmogonie dont l'*école fran-çaise d'ethnographie* de Marcel Griaule a voulu faire l'armature d'une conception du monde propre aux peuples mandé (Dieterlen 1988 [1951]; Zahan 1960). Lors des tirages divinatoires, lorsque le devin interprète les signes tracés sur le sable, on n'entend guère parler des transgressions de Muso Koroni ni du sacrifice de Faro, etc. La place dévolue aux mythes et à une quelconque théologie paraît inexistante et en tout cas bien moins marquée que dans l'aire Yoruba-Fon-Ewhé du Golfe de Guinée. D'autre part, la géomancie n'a pas, en elle-même, de portée normative : comme l'observe Jansen, elle est en quelque sorte au-delà du bien et du mal et chaque géomancien doit gérer les rapports, par définition tendus, entre licite et illicite, moral et immoral, transparent et occulte. D'où l'ambiguïté des jugements parfois portés sur les « marabouts ».

Entre les classifications proposées par Namangan Kanté et celles que j'ai vu pratiquer aux alentours de Koutiala, on note certaines différences. Si dans le système à 16 cases, les signes se répartissent également en signes de génies (*jinè*) et en signes humains (*mògòw*), tous les signes impairs sont *jinè*, tandis que tous les signes pairs sont *mògòw*. On peut néanmoins établir un jeu d'équivalence entre certain signes : Sao est Badra, Katé est Byada, Nimisa porte le même nom, Siké est Moussa, Tamanakaté est Taligi ou Breima, Maromaro est Yssuf, Garela est Garuya, Tèrèmèsè est Solimana, Jubidisè est Zoumana, Jubidinè est Issa, Kumadisè est Mankusi, Kumadibinè est Adama, Tèrèsè est Madi (ou Maleju), Tèrèdibinè est Lasinè, Nyagaransè est Nuhun et Nyagaranbinè est Kalalaho. Il est sans doute impossible de retracer la généalogie de ces systèmes et de cette onomastique, mais historiquement, une de leurs sources se trouve certainement dans les traités arabes qui ont circulé en Afrique de l'Ouest au moins depuis le XIIIè siècle, même si la logique classificatoire qui sous-tend ces traités s'est fondue dans les dispositifs propres aux différents terroirs d'accueil. C'est sans doute pourquoi, comme le note d'ailleurs Jansen, de nombreux musulmans considèrent la divination d'un œil soupçonneux. On remarquera même que la plupart des devins, même officiellement musulmans, continuent discrètement d'accorder une certaine place à des objets puissants, de type *boli* ou *basi*, sur lesquels il sacrifie avant les consultations importantes. La qualité du sable divinatoire lui-même, un sable de nature composite très soigneusement préparé, s'apparente aux principes d'élaboration d'un *boli*. Cette intimité prolongée entre l'islam et des formes de représentations autochtones est si forte qu'on arrive à des mélanges inextricables et des niveaux de paradoxes étonnants.

Ainsi, un prêtre du Nya, un culte très répandu dans les régions de Ségou et de Sikasso, a pu un jour me dire : « L'islam est fort, mais il n'a pu mettre fin aux *saragha* ». Il ne faisait guère de doute pour lui que les *saragha*, au sens d'offrandes pouvant agir sur le monde, étaient des procédés préislamiques liés à ce qu'on appelle communément la *bamanaya*. Or *saragha*, ce terme clé du vocabulaire des institutions soudanaises (allusion à Benveniste 1969) est emprunté au mot arabe *sadaqa*, qui désigne une aumône prescrite.

Toute enquête sur la divination affronte une question centrale : les opérations rituelles peuvent-elles être efficaces et infléchir le cours des choses ? Une question qui se pose tout aussi bien aux musulmans et qu'aux bamanan, d'autant plus que la science divinatoire n'est pas une simple technique, elle dépend du talent d'un expert qui doit sans cesse négocier le sens de configurations complexes où des différences d'interprétation importantes peuvent se produire. On ne peut qu'espérer que Jansen trouve le courage d'une seconde enquête et d'un tome II où s'exposera, au-delà de l'indispensable capacité de dresser un tableau divinatoire, l'art de l'interpréter. Un art dans lequel interviennent tout aussi bien la forme et les attributs des signes, une science botanique qu'une profonde connaissance des scénarios sociaux.

OUVRAGES CONSULTÉS

Amselle, J-L. 1990. *Logiques métisses. Anthropologie de l'identité en Afrique et ailleurs* (Paris).
Bazin, J. 1985. « À chacun son Bambara » dans : J-L. Amselle et E. M'Bokolo (éd.) *Au cœur de l'ethnie* (Paris).
Benveniste, E. 1969. *Le vocabulaire des institutions indo-européennes* (Paris).
Bertaux, C. 1987. *Science, divination et corps* Thèse de doctorat, Université de Paris VII.
Brenner, L. 1985. « La géomancie pratiquée par des musulmans » dans : *Réflexions sur le savoir islamique en Afrique de l'Ouest* (Bordeaux).
Couloubaly, P.B. 1995. *Rites et société à travers « le Bafili ». Une cérémonie d'initiation à la géomancie chez les Bambara du Mali* (Bamako).
Dieterlen, G. 1988 [1951]. *Essai sur la religion bambara* (Bruxelles).

Jaulin, R. 1966. *La géomancie – Analyse formelle* (Paris/La Haye).

Kassibo, B. 1992. «La géomancie ouest-africaine. Formes endogènes et emprunts extérieurs» *Cahiers d'études africaines* 128 : 541-596.

Monteil, C. 1931. «La divination chez les Noirs de l'A.O.F.» *Bulletin du Comité d'Etudes Historiques et Scientifiques de l'A.O.F.* XIV 1-2 : 27-136.

Zahan, D. 1960. *Sociétés d'initiation bambara* (Paris).

UNE RÉFLEXION
DE MÉTHODE

« Toute communauté d'hommes reconnaît le besoin de connaissance particulière à travers la géomancie. Bien qu'il soit d'une autre nature que le besoin en nourriture et logement, ce besoin est tout de même universel. »
(Peek 1991 : 1)

De la culture classique grecque, nous apprenons que Prometheus a donné le feu à l'humanité, mais son don de la géomancie est presque oublié. Bien que la géomancie soit encore pratiquée dans le monde entier, très peu de recherche s'effectue sur ce genre de système de connaissance. À tort, car les sessions de géomancie ne sont pas des événements de hasard, au centre desquels se trouve le comportement bizarre d'un expert géomancien. Il serait plus correct de considérer la géomancie comme un processus uniforme qui exige beaucoup de connaissance spécifique (cf. Peek 1991 : 1-2). Par conséquent, il s'agit d'une épistémologie, une théorie de la connaissance. Et avec l'étude de la géomancie, un chercheur peut analyser une connaissance culturelle spécifique et même se l'approprier.

Ce livre sur la géomancie des Monts Mandingues a sa raison d'être, pour deux raisons. Tout d'abord, parce que c'est la première fois que ce système de géomancie est ainsi décrit[1], et ensuite parce qu'il s'agit d'une contribution théorique aux discussions sur l'enseignement en Afrique ; le cheminement d'apprentissage de ce système démontre, en effet, qu'un enseignement arithmétique standardisé peut exister dans une société qui n'a développé aucun système mathématique, qui est à peine alphabétisée, et dans laquelle l'écriture est surtout une technologie dont on a besoin pour la reproduction des textes islamiques et non pas pour l'organisation de la société.

---

[1] Kassibo (1992) parle d'un système avec 22 cases, mais tel n'est certainement pas le système des Monts Mandingues.

Le système des Monts Mandingues est analytiquement et historiquement une variation du système très connu des 16 cases[2]. Ce système de 16 cases est utilisé au Mali (et ailleurs) par des marabouts et beaucoup d'études y ont été consacrées, par exemple l'analyse formelle de Jaulin (Jaulin 1966). D'autres auteurs plus récents ont surtout élaboré sur le livre de Jaulin[3].

Les experts en géomancie qui sont au centre de ce livre maîtrisent également, plus ou moins, le système de géomancie avec 16 cases. Ils estiment cependant que ce système est totalement (!) différent du leur; chaque système ayant ses règles et interprétations spécifiques[4]. Ils appellent leur propre système *kinyèda* (*kinyè* = sable; *da* = former, créer, donner forme à quelque chose, exposer[5]), et aussi *kala jan* (littéralement «long bâton»). Cependant, ils appellent le système islamique *laturu* (qui est le terme Bamana/Maninka pour exprimer la «géomancie» [cf. Bailleul 1996]).

---

[2] Van Binsbergen (2008) affirme que, en dépit de l'origine ancienne du système des 16 cases, les écrits arabes (islamiques) du Moyen Âge sur ce système ont eu tellement d'influence dans une grande partie du monde qu'on pourrait parler de globalisation. Il marque ses influences dans beaucoup d'autres systèmes et c'est aussi le cas de la géomancie des Monts Mandingues (voir Leçon 2). Van Binsbergen appellerait ce système «un système local de géomancie fragmentaire», et les gens qui utilisent ce système de géomancie n'auraient (plus) aucune conscience des racines transrégionales et islamiques de leur système (ib).

[3] Bertaux 1983 apporte une importante contribution ethnographique. L'article de Kassibo (1992) donne une vue d'ensemble de la littérature sur ce système, mais cet article n'aborde pas la position sociale et culturelle des experts en géomancie. Des chercheurs contemporains tels que Brenner (par exemple Brenner 2000) et Van Binsbergen (par exemple Van Binsbergen 2008) abordent bien ces aspects.

[4] Les experts en géomancie des Monts Mandingues réfutent donc – comme l'avait prédit Van Binsbergen – les «racines transrégionales» de leur système.

[5] Les termes «*tinyè*» (vérité) et «*kinyè*» (sable) sont, aussi bien en Maninka qu'en Bambara, prononcés comme «*cèn*» (cf. Bertaux 1983: 117). Cela donne aussi une certaine plus-value à la géomancie.

À LA RECHERCHE D'UN OBJET D'ÉTUDE

Si un chercheur n'arrive pas à trouver une logique cohérente dans un système de géomancie, cela ne veut pas automatiquement dire qu'il aura échoué[1]. Il y a d'autres voies d'entrée par lesquelles un objet de géomancie peut être étudié[2]. Un chercheur peut, par exemple, chercher une cohérence au niveau social, par exemple la problématique dont l'expert traite ou les relations que les experts ont avec leurs clients.

Dans ce livre, j'ai choisi de donner la primauté au curriculum du système comme objet de recherche parce que celui-ci est scientifiquement digne de foi (= pourrait être reproduit) et traite d'un aspect de la géomancie qui est rarement au centre de l'attention. Étant donné qu'il est impossible de faire une analyse empirique d'un système de géomancie, je ne peux faire rien d'autre que de décrire mon expérience comme élève en géomancie. C'est pourquoi ce livre montre surtout comment l'expert géomancien fait son schéma dans le sable ainsi que les comportements, attitudes et opérations qui accompagnent cette action. L'accent est mis sur ce que le maître (*karamògò*) dit et montre à son élève (*kalanden*).

Le fait que ce système de géomancie s'apprend à l'aide de six

---

[1] L'absence de cohérence peut, en effet, s'être historiquement développée ; un système ou ce rtains aspects d'un système peuvent avoir été perdus au fil des années sans que cela ait conduit à la disparition du système de géomancie lui-même. Un bon exemple en est la géomancie des quatre tables dans l'actuelle Afrique australe ; cette technique est historiquement et formellement rattachée au système bien connu des 16 cases du monde islamique, mais, vu à partir de ce dernier système, il ressemble à un reflet (Van Binsbergen 2008).

[2] Une recherche sur la géomancie a quelque chose de hasardeux (délicat) pour un chercheur (habitué aux situations empiriques) car il voit une série d'actions et entend beaucoup d'instructions et d'interprétations, mais il ne peut jamais savoir s'il y a un véritable système. En effet, le chercheur ne sait pas à quel niveau il faut s'attendre à la cohérence : est-ce au niveau du calcul, de l'interprétation ou de la façon de s'occuper du client. De plus, les experts en géomancie sont généralement « trop » secrets ou donnent des réponses vagues et générales.

leçons bien définies sera mon principal point focal dans ce livre. La description de ces leçons est traitée dans la première partie. En outre, j'ai beaucoup appris quand mon maître Namagan Kanté m'a appelé « sur la peau [de chèvre] » (*golo kan*) pour corriger et commenter mes opérations. Les impressions que m'ont suscitées ces rencontres sont données dans la Deuxième Partie.

Je place mon approche dans des courants qui mettent l'accent sur les manifestations («appearances») dans l'interaction sociale. Là, je pense surtout aux sociologues de l'École de Chicago, l'interactionnisme et en particulier, aux théories de Goffman. J'y reviendrai dans l'introduction à la Deuxième Partie, dans laquelle les opérations de l'expert occupent le premier plan.

Dans mon choix de mettre l'accent sur les opérations, je me sens réconforté par mes expériences en tant qu'élève. Si j'étais toujours le bienvenu lors des sessions de géomancie, mes questions par contre étaient considérées comme inopportunes ; je devais «tout simplement» faire et pour le reste écouter et apprendre en imitant. Cette règle était pour Namagan et moi-même une forme appréciée d'apprentissage[3].

LA TRAME ET LA PORTÉE DE CE LIVRE

Ce livre porte sur l'apprentissage et est reparti en deux parties. La Première Partie décrit la matière sous la forme de six leçons que reçoit un élève s'il se montre intéressé par la géomancie. De ces six leçons, l'élève doit apprendre comment un schéma de géomancie de 22 cases doit être dessiné. Dans la description que je donne des six leçons, j'explicite les «cycles d'apprentissage» pour que le lecteur expérimente la force du système éducatif local. J'appelle ces «cycles d'apprentissage», des «règles pratiques».

Dans la Deuxième Partie, je donne les impressions qu'ont suscité en moi les sessions de géomancie. Je les décris comme une sé-

---

[3] Je suis toujours resté un étranger. Une bonne illustration en est la plainte qu'a déposée contre moi un condisciple. Ce dernier a demandé à Namagan : «Pourquoi ce blanc a-t-il la permission de faire des fautes et de poser des questions ? Quand c'est nous qui le faisons, vous nous chassez ou nous frappez avec un fouet.» Namagan (qui est né en 1964, donc de ma génération) donna la réponse suivante : «Je le considère comme un adulte (*cèkòròba*) [qu'on ne doit ni contredire ni battre- JJ], avec le respect qu'un adulte mérite.»

18

rie de « phases ». Les descriptions faites sont basées sur les dizaines de sessions de géomancie auxquelles j'ai assisté à Farabako[4], le plus souvent sous la direction de Namagan, qui, malgré son jeune âge relatif (né en 1964), est connu jusqu'en dehors de la région comme un expert en géomancie.

Ce livre est-il une bonne introduction à la géomancie des Monts Mandingues ? Beaucoup de ceux qui ont assisté à mes sessions étaient d'accord sur mes capacités. La « technique de calculs » paraissait bien ; j'étais plus lent que les experts, faisant régulièrement des fautes, mais celles-ci étaient considérées comme temporaires. En ce qui concerne la prononciation des formules et les incantations adressées au sable, il n'y avait aucun problème. Certes, je ne le faisais pas très bien, mais cela était surtout dû à ma connaissance limitée du Maninka. Aux Pays-Bas, je peux le faire tout simplement dans ma propre langue, me disait-on. De même, les gens ne trouvaient pas à redire quant à la façon dont je déterminais les sacrifices, ce qui m'a davantage convaincu que ceux-ci étaient improvisés. Mon point faible était toujours ma connaissance limitée des « plantes » (*yiriw*), c'est-à-dire les plantes médicinales. Un bon expert en géomancie doit aussi être un *soma*, un « guérisseur traditionnel ». Namagan me raconta une fois qu'il y a des experts en géomancie qui opèrent sans une bonne connaissance de la flore. Il trouve cela moralement récusable (*a man nyi*) ; malheureusement, ma description manque cette connaissance.

---

[4] Farabako est un petit village d'environ quatre cents habitants. Il est situé dans la zone de Sobara (arrondissement de Siby), au milieu des Monts Mandingues.

Namagan Kanté lors des festivités de la circoncision de jeunes à Kalifabougou en août 1999. Derrière lui se tient Kinyèmadi Kanté.

PAR QUI, POUR QUI ?

« Dieu a créé trois sortes de relations humaines : quand deux méchantes personnes se rencontrent, la relation dure longtemps, quand deux personnes gentilles se rencontrent, la relation dure longtemps ; quand une personne méchante et une personne gentille se rencontrent, alors la relation dure trois jours. » (Namagan Kanté, 14 août 2003)

Alors que je visionnais mes enregistrements vidéo des années 2002 et 2003, Boubacar Tamboura, qui m'aidait avec la traduction, se mit à rire. La cause de son hilarité était l'explication citée plus haut que Namagan donnait à un des amis qui venait le consulter. Avec cette remarque, Namagan donne une réponse diplomatique sur la nature de ses pratiques : c'est au visiteur de décider le genre de relation qu'il veut entretenir avec lui. Il peut aider aussi bien quelqu'un qui a de bonnes intentions que quelqu'un qui est malintentionné, mais il ne fera jamais en sorte qu'une personne bien intentionnée ait des problèmes. Car une telle relation ne fait jamais long feu.

Quoique beaucoup de musulmans rejetteront les pratiques de mes maîtres, ces derniers eux-mêmes se referaient à Dieu (Allah) comme le centre de la géomancie. Namagan me le résumait ainsi : « C'est moi qui suis responsable de l'offrande (*sarakabaga*), mais c'est Dieu (*Alla*) qui est responsable de l'acceptation de l'offrande (*sarakaminèbaga*). »

On fait presque toujours appel à Dieu lors d'une ou plusieurs phases d'une session de géomancie. Quand, par exemple, un client cherchait, à travers le sable, à connaître si son chef allait un jour lui verser le reliquat de son salaire impayé, Namagan me dit : « Il a perdu tout espoir, que Dieu fasse qu'il le retrouve (*A jigi latègèlen, Alla m'a jigi tugun*). » Lors de l'accomplissement d'un sacrifice, l'expert prononcera également des bénédictions dans lesquelles il demande l'aide de Dieu : « Fasse Dieu… (*Alla ka…*). »

Cette perspective tournée vers Dieu, l'expert la connaît dans toutes les phases du sacrifice. En outre, il n'est, naturellement, plus possible de savoir si toutes les phases de la géomancie des Monts Mandingues sont d'origine islamique, ou si c'est un système de pratiques non islamiques qui, au fil des années, se sont adaptées aux pratiques et formes dites islamiques. Étant donné que, lors d'une session, l'expert accorde une attention particulière à ses maîtres, et qu'il fait appel aux «huit esprits et huit personnes» (voir Leçon 1), il y a certainement (aussi) des éléments non-islamiques dans la géomancie des Monts Mandingues.

En plus des nombreuses allusions à Dieu, j'ai aussi vu des comportements qui sont à couteaux tirés avec Lui ; ce qui explique pourquoi beaucoup de musulmans condamnent la géomancie. Lors des sessions auxquelles j'ai assisté en tant qu' «élève de niveau avancé», Namagan demandait souvent non pas à Dieu (*Alla*), mais à ses *basiw* «objets de pouvoir» d'accepter un sacrifice. Souvent, il s'excusait auprès de ses *basiw* de ne pouvoir leur offrir qu'une poule et par la suite, jetant des moitiés de noix de cola, il demandait aux *basiw* s'ils étaient (provisoirement) satisfaits avec cette poule (voir phase 3 de la Deuxième Partie). Au cas où le *basi* ne serait pas satisfait, alors il y avait l'option soit de présenter des excuses et de reprendre la question, soit de promettre dans le futur un sacrifice plus grand et de redemander ensuite si le *basi* pouvait accepter cette option.

Donc c'est Dieu qui donne souvent les réponses, souvent c'est le *basi* ; dans les deux cas, l'expert se voit comme un intermédiaire. Reste à savoir qui vient voir l'expert pour consulter le sable. Les experts consultent tous les jours le sable pour leurs propres petits soucis, mais pour un client, il faut qu'il y ait une raison spéciale. Une telle raison peut être un trouble physique. Ceux qui viennent de loin pour se soigner à Farabako étaient surtout des gens qui avaient ce qu'on peut appeler, des troubles chroniques. Après avoir essayé plusieurs années, sans succès, les services de santé biomédicaux occidentaux, et s'être financièrement ruinées, ces personnes se tournent vers les services gratuits («no cure, no pay») de l'expert à Farabako. Ces gens considèrent souvent leurs infections comme étant du *korote*, un poison magique qu'on peut lancer sur quelqu'un à distance. Dans la pratique, cela veut dire que le patient se présente tous les jours chez Namagan ou un autre expert pour une potion ou un conseil. Un tel cocktail de thérapie peut durer plusieurs mois.

Pendant ce temps, le patient peut faire quelques activités pratiques sur la base du bénévolat. Après son retour à la maison, libre à lui de décider combien il peut envoyer à son guérisseur pour le remercier. Namagan m'a dit que de cette façon, lui-même a pu acquérir plusieurs vaches.

Une autre plainte très fréquente concerne ce qu'on appelle le *cèya*. C'est-à-dire en bref tout ce qui est relatif à la virilité. Cela peut aller de l'impuissance - un désagrément contre lequel chaque expert en géomancie a des médicaments - à la peur des esprits dans la forêt, un mal contre lequel le service biomédical n'a pas de solution.

À côté de ces gens, que l'on peut considérer comme des «déçus» des «services de santé réguliers», Farabako reçoit aussi régulièrement la visite des gens de la ville avec toutes sortes de problèmes économiques et sociaux tels que les salaires non payés, le chômage, l'intention d'aller en France ou des problèmes de couple. Ces personnes ont souvent l'impression que c'est leur manque de compréhension de leurs propres traditions qui est la cause de leurs problèmes. C'est pourquoi ils se rendent «en brousse» pour une consultation. La «brousse» étant là où l'on peut trouver la tradition. Ce phénomène est amplement décrit dans les études sur la «modernité» en Afrique subsaharienne (cf. Ashforth 2000; Geschiere 2000); on a besoin de «l'occulte» ou de la «tradition» pour trouver un lien avec les choses nouvelles – l'idée «classique» selon laquelle la «modernité» chasse la tradition reste incorrecte.

Namagan Kanté est très actif dans ce «créneau» pour les citadins qui pensent que le fait de perdre la tradition est la raison de leur manque de succès dans le monde moderne. Il a son réseau dans les grandes villes comme Bamako, Kita et Siguiri (une ville située en Guinée), des lieux où il séjourne régulièrement. Je trouve qu'une matérialisation du vaste réseau de Namagan est sa moto. Namagan était la seule personne à Farabako possédant une moto qui, même pendant la saison des pluies, pouvait le conduire en dehors de la région.

Pour finir, il est remarquable que Namagan soit très consulté par les Fulbé, un groupe ethnique d'éleveurs. C'est en effet ces dernières décennies seulement que les Fulbé se sont installés dans la région et il est clair que Namagan est un intermédiaire entre eux et son propre peuple Maninka. Namagan a acquis cette position depuis sa jeunesse, quand il voyageait dans la région avec le bétail de Farabako. Ce qui est une activité atypique pour un Maninka, une ethnie de cultivateurs. (Namagan expliqua sa préférence pour les bovins en faisant savoir qu'enfant, il avait les yeux enflés et rouges chaque fois qu'il se rendait dans un champ de mil. À cause de cette «allergie» (?) – il porte souvent des lunettes de soleil – Namagan était obligé de se spécialiser dans une activité non traditionnelle. Cette spécialisation coïncide historiquement avec une augmentation du nombre de bovins dans la région (voir Jansen et Diarra 2006).

Vu que Namagan, contrairement à son village et à sa famille, s'occupe de nouvelles formes de production qui le mettent en contact avec de nouveaux groupes de personnes, il satisfait au modèle anthropologique de ce qu'on appelle un «ethnic broker». Cependant, lui-même se présente toujours comme un Maninka traditionnel mettant toujours l'accent sur les «normes et valeurs traditionnelles Maninka».

La citation de Namagan donnée au début de ce chapitre montre qu'il voit en principe sa connaissance comme une aptitude neutre qui reçoit un contenu moral seulement par l'intention avec laquelle elle est utilisée. Cela s'applique également aux élèves que Namagan reçoit. Ces derniers peuvent être des écoliers profitant des vacances pour combler leurs lacunes dans le domaine de la «tradition», mais le plus souvent il s'agissait de jeunes gens qui passaient toute une saison de pluie chez Namagan et qui cherchaient et recueillaient l'information auprès de lui, auprès d'autres jeunes de Farabako et entre eux-mêmes. Eux, je ne les entendais jamais discuter de la géomancie. Chacun avait l'air de partager l'opinion que la géomancie pouvait être bonne, mauvaise, islamique et non islamique. Bref, elle est pour tout le monde.

PREMIÈRE PARTIE

LES SIX LEÇONS DE NAMAGAN KANTÉ

La géomancie avec 16 différents signes est un système ancien. Chacun des signes représente un code (binaire) spécifique (voir Leçon 1). Ces 16 signes sont utilisés dans un schéma de 16 positions (souvent appelés cases). Ce système de 16 signes différents et 16 cases est connu dans le monde arabe et une grande partie de l'Afrique (voir « Une réflexion de méthode » et la Leçon 2).

Les experts en géomancie des Monts Mandingues possèdent les mêmes 16 codes que le système si bien décrit et ils utilisent également 16 signes différents. Cependant, le schéma qu'ils utilisent compte 22 cases au lieu de 16. En plus, ces experts ont leurs propres signes pour les codes et ces signes ont des noms qui ne font pas directement référence à une quelconque source arabe (voir la Leçon 1 pour les commentaires). En somme, l'interprétation du schéma de géomancie est spécifique à cette région.

Dans les Monts Mandingues, la géomancie est enseignée d'une manière qui ne ressemble pas aux méthodes d'enseignement utilisées actuellement dans les écoles fondamentales. L'élève apprend beaucoup d'opérations pratiques en imitant. Le maître corrige les opérations de l'élève, mais il ne donne presque jamais d'instructions explicites. L'élève ne doit jamais demander directement pourquoi telle ou telle chose se passe de telle ou telle façon. La plupart du temps, il est occupé à exécuter, pour son maître, des tâches comme aller chercher des plantes médicinales en brousse et les faire bouillir. En plus, il doit travailler dans le champ du maître, faire des petits travaux pour lui et lui donner de temps à autre un petit cadeau.

Un maître donnera des leçons à son élève seulement quand il sera satisfait du comportement de ce dernier. Moi, je devais par exemple attendre plusieurs mois avant de recevoir les leçons 1 et 2[1].

De par son accessibilité, la description suivante des leçons de Namagan est beaucoup différente de la façon dont ces leçons sont suivies dans la réalité quotidienne. Étant donné qu'on n'a plus besoin d'être patient, au bout d'un jour le lecteur peut passer le niveau pour lequel un élève autochtone devra attendre plusieurs mois.

Pour vraiment bien comprendre les leçons suivantes, il faudra essayer de bien maîtriser les Leçons 1 et 2. Les premières leçons nécessitent le maximum d'effort, et probablement quelques exercices avec un crayon et du papier. Le lecteur qui aura bien assimilé les deux premières leçons pourra lire et comprendre sans grandes difficultés les quatre leçons suivantes.

UN BON CONSEIL : Imprimez les pages avec les figures 2 et 14 et gardez les sur vous lors de la lecture des leçons de Namagan.

Celui qui prendra la peine d'étudier les six leçons découvrira qu'elles comportent une trajectoire didactique. Chaque leçon se construit sur la base de la précédente et au fur et à mesure, leur complexité augmente. En plus, à chaque leçon, l'élève apprend (de façon implicite) certaines règles pratiques. De cette façon les règles favorisent la pensée logique et l'intelligence arithmétique. Le lien mutuel entre les leçons est tellement grand qu'au bout de six exercices l'élève aura un aperçu global des aspects arithmétiques d'un schéma de géomancie. Il y a, en outre, des points d'appui dans les leçons, points qui réconfortent l'élève dans le processus d'apprentissage parce que de cette façon il voit qu'il maîtrise déjà certains aspects.

---

[1] Cette leçon sur la patience est sans doute liée à la vision critique que Namagan a de l'utilisation que font les Blancs (*tubabuw*) du « temps ».

LES « HUIT ESPRITS ET HUIT PERSONNES »

La première leçon (*kalan fòlò*) a pour but de montrer à l'élève qu'il se cache un code binaire derrière chacun des 16 signes de la géomancie. Avec cette première leçon l'élève apprend à transcrire, de droite à gauche, les deux rangées suivantes de huit codes chacune (voir figure 1).

Pour les codes, on met ses doigts dans le sable en faisant, de haut en bas, des traits de 5 cm environ. On fait un trait unique avec l'index, un trait double avec l'index et le majeur. Ceci donne la figure suivante (j'ai utilisé la lettre I pour indiquer un trait vertical) :

Figure 1 : Seize codes de la géomancie des Monts Mandingues : les « huit esprits et huit personnes » – à lire de droite à gauche

I	I	I	I	II	II	II	II
I	I	II	II	I	II	I	II
I	II	I	II	I	I	II	II
I	I	I	I	II	II	II	II

II	I	II	I	II	I	II	I
I	I	II	I	I	II	II	II
I	I	I	II	II	I	II	II
I	II	I	II	I	II	I	II

Le lecteur doué en statistique verra là les 16 codes binaires qu'on obtient quand on fait un « bit » de quatre 0/1 combinaisons ; il y a 2*2*2*2 = 16 combinaisons[1].

Les experts appellent la rangée supérieure « les huit esprits » (*jinne seki*), la rangée inférieure est appelée « les huit personnes »

---

[1] Pendant ma recherche sur le terrain, j'ai eu l'impression que l'aspect binaire (I ou II) n'était jamais un point d'intérêt pour Namagan et ses collègues ; ils cherchaient la signification au niveau des signes et leurs relations mutuelles dans le schéma de géomancie.

(*mògò seki*[2]). Lors d'une session, un expert fera régulièrement appel à ces «huit esprits et huit personnes».

Personne n'a pu me dire d'où vient l'idée de huit esprits et huit personnes. Je n'ai non plus jamais entendu parler de leur signification. La différence apparente entre ces deux catégories est que chez les codes pour les esprits, les parties inférieures et supérieures sont identiques (tous les deux sont des I ou des II), alors que chez les codes pour les personnes, les parties inférieure et supérieure sont différentes. Les experts de Farabako n'accordent à cela aucune importance; mais c'est une différence qui me frappe, moi.

En transcrivant les codes, le maître nomme tous les codes qu'il trace dans le sable. L'élève connaît déjà les noms; la géomancie étant une activité qu'il a (peut être quotidiennement) vue depuis l'enfance.

Dans la figure 2 (page suivante), je donne les signes et les noms qui appartiennent à chacun des 16 codes binaires. Je les présente dans des groupes de quatre parce que les limitations de la mise en page ne permettent pas une présentation sur des rangées de huit. Donc, les deux rangées de quatre signes d'en haut, à lire de droite à gauche, sont les huit esprits. Les deux rangées de quatre signes d'en bas sont les huit personnes[3].

Les signes devant les codes sont déterminés de façon locale ou régionale. On dessine les signes dans un seul mouvement avec l'index et le majeur (de même pour *nimisa*); quand il s'agit d'une seule ligne, on la trace avec l'index. Pour le *jubidibinè*, *kumadibinè* et *garela(n)*, on utilise également l'annulaire. De plus, le bout par lequel l'on commence à tracer un signe est très important. On écrit de droite à gauche et de haut en bas. Au début, j'écrivais les signes *nyagaransé* et *tèrèmèsè* en faisant un trait de gauche à droite - ce qui me paraissait

---

[2] Bertaux (1983: 118) parle aussi des huit esprits et huit personnes dans la géomancie Bamana, mais selon lui, contrairement à ce qui est décrit ici, les huit personnes sont toujours nommées les premières, et après viennent les huit esprits.

[3] Pour être exhaustif: il y a une petite différence partielle de nature technique. Si *tèrèmèsè* se trouve sous un signe féminin – *tèrèdibinè*, *nyagaransè*, *nyagaranbinè* et *katé*-le *tèrèmèsè* est tourné à 180 degrés avec comme résultat: $\cup$. Namagan (11 août 2003) ne pouvait pas m'expliquer pourquoi ces quatre signes étaient «féminins». À partir de mes propres observations, je déduis qu'également sous un *tèrèmèsè* renversé, un *tèrèmèsè* est tourné à 180 degrés.

normal étant donné qu'à l'école j'ai appris à écrire de cette façon -
mais Namagan me demandait de les reprendre : il faut que ce soit de
droite à gauche !

*Figure 2 : Les noms et signes devant les 16 codes (à lire de droite à gauche et de
haut en bas)*

SAO	KATÉ*	NIMISA	SIKÉ
II	II	II	II
I	II	I	II
I	I	II	II
II	II	II	II

TAMANAKATÉ	MAROMARO	GARELA(N)	TÈRÈMÈSÈ
I	I	I	I
I	I	II	II
I	II	I	II
I	I	I	I

JUBIDISÈ	JUBIDINÈ	KUMADISÈ	KUMADIBINÈ
II	I	II	I
I	II	II	II
II	I	II	II
I	II	I	II

TÈRÈSÈ	TÈRÈDIBINÈ	NYAGARANSÈ	NYAGARAN-BINÈ
II	I	II	I
I	I	II	I
I	I	I	II
I	II	I	II
			II

* On écrit *katé* différemment sur papier que dans le sable. Dans le sable, on l'écrit
comme un *siké*, mais avec une plus petite distance entre les deux traits verticaux –
chez *siké*, la distance entre les traits est d'environ 3 cm. J'avais toujours des difficultés
à faire la différence entre *siké* et *katé* dans le sable, et pourtant Namagan m'interdisait
d'ajouter un petit trait horizontal en écrivant un *katé* dans le sable. La conséquence
en était que lors de l'analyse, je me trompais souvent entre les deux.

Je parlerai de l'interprétation des signes et des combinaisons de signes dans la Deuxième Partie. Les noms des signes n'ont pas de significations importantes pour l'interprétation; Namagan lui-même ne pouvait trouver aucune «signification» (*kòrò*) au «nom» (*tògò*). *Nimisa* veut dire «regret» dans la vie courante, mais cela n'a certainement aucune conséquence pour l'interprétation. McNaughton (1988: 54) dit que «Kumardisé» «l'homme noir» et «Yarase» «la femme noire». «Maro maro» serait l'enfant dans le ventre de sa mère. Derive et Dumestre (1999: 34) appellent «Dyouroubassé» («Jùrrubase» ou «Jùubase») le nom du frère jumeau de Mande Mori, le héros chasseur[4]. Selon ces auteurs, «*juru*» ferait allusion aux cordes d'un instrument de musique. Le dictionnaire (Bailleul 1996) donne quelques mots qui disent peut-être un peu plus sur les différentes composantes des les noms: «*Tere*» ou «*tèrè*» veut dire «hasard, chance, sort», «*tèrema*» veut dire «quelqu'un qui a un revers de fortune» et «*tèrèmè*» fait allusion à la négociation d'un prix. «*Tamana*» veut dire «flamme», «*kuma*» signifie «mot, parole» et «*dibi*» signifie «obscurité». Quoique des notions telles que «parole» et «obscurité» soient importantes dans la cosmologie des Maninka (cf. Jansen 2002: 42)[5], les informateurs locaux n'utilisaient presque jamais ces termes quand je leur demandais la signification des noms des 16 signes.

Je n'ai jamais entendu les géomanciens discuter ou spéculer sur les significations des noms des signes. Dans la région de la Sénégambie, Graw (2005) a entendu auprès des experts géomanciens d'origines ethniques différentes toutes sortes de termes qui ont des liens linguistiques et de sons avec les noms que j'entendais dans les Monts Mandingues. C'est pourquoi je pense que la géomancie dans ce qu'on appelle le «monde Mandé» a (en partie) un jargon partagé qui acquiert une signification dans les pratiques locales.

Les huit esprits et huit personnes doivent être tracés dans un

---

[4] Cela correspond avec la remarque de Bertaux (1983: 118), en ce qui concerne le système de géomancie semblable chez les Bamana: «Ces êtres géomantiques, à l'état de calligramme sous le tableau divinatoire, peuvent se percevoir en brousse sous la forme d'êtres fantastiques: nains, géants, personnes humaines vivant en brousse.»

[5] En raison de l'importance du terme *dibi* dans la cosmologie, je me suis souvent demandé si j'avais bien compris *jubidisè* et *jubidinè*. N'était-ce pas plutôt *judibisè* et *judibinè*? Quand j'ai demandé, on m'a répondu que ce n'était pas le cas.

ordre bien déterminé. Cela m'est apparu clairement avec la réaction de Namagan quand, après un long séjour aux Pays-Bas, j'ai décidé d'utiliser mon propre ordre lors de la répétition de la leçon 1 ; Namagan m'arrêta et je devais recommencer. Paulus Gerdes (communication personnelle, août 2005) m'a fait remarquer que la figure de deux fois huit colonnes se caractérise par différentes symétries (de rotation). Selon Gerdes, celles-ci peuvent être importantes, par exemple comme aide-mémoire.

Sur ce, nous arrivons à la fin de la première leçon dans laquelle l'élève aura appris que derrière chacun des 16 signes de géomancie se cache un code binaire. De plus il aura appris comment tracer les signes dans le sable et quels noms portent les signes.

QUATRE *JUBIDISÈ*

Leçon 2 (*kalan filanan*, littéralement « deuxième leçon ») consiste à reproduire le schéma suivant de 22 signes. Le maître ne donne aucune explication complémentaire ; il fait les signes et donne leurs noms. L'élève reçoit l'ordre d'apprendre ce schéma :

Figure 3 : Le schéma de la Leçon 2

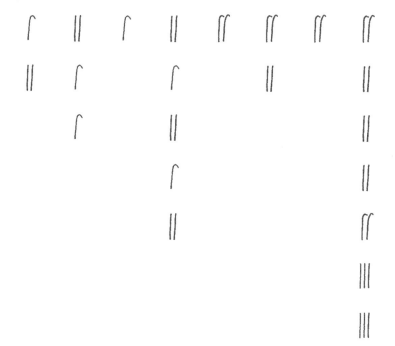

Je vais maintenant expliquer par étape et de façon simplifiée comment le schéma d'en haut est formé. Ce faisant, je fais plus pour le lecteur que Namagan pour ses élèves : ces derniers doivent le plus souvent tirer eux-mêmes les conclusions sans explication.

L'élève doit d'abord tracer deux *jubidisè* et un *siké* tout droit en dessous. Chaque fois qu'il trace un signe dans le sable, il doit en prononcer le nom. Ce qui donne le schéma suivant :

Figure 4 : Début de la Leçon 2

Le calcul «sous-jacent[1]» se fait selon un simple principe arithmétique :

Pair + Pair	=	Pair
Impair + Impair	=	Pair
Pair + Impair	=	Impair
Impair + Pair	=	Impair

Quand on applique cela aux deux signes *jubidisè*, on obtient, en code binaire lu de droite à gauche, un *siké*.

II =	II	+ II
II =	I	+ I
II =	II	+ II
II =	I	+ I

Ce simple principe arithmétique est l'opération fondamentale de la géomancie. L'exemple ci-dessus donne en plus une règle de base de la géomancie : l'addition de deux signes identiques donne toujours un *siké*. C'est pourquoi la formation des trois premiers signes de la leçon 2 constitue un moment important dans le cycle d'apprentissage.

Un schéma de géomancie a quatre signes de base. Les deux pre-

---

[1] Mes maîtres désapprouvaient toujours quand j'utilisais le terme «calcul» (*jate*). Eux utilisaient toujours des termes comme *kalan* («étudier, lire») et *da* («former, (ex)poser»). Dans ma description, je parlerai du regroupement des signes.

miers signes de base sont tracés et groupés avant de tracer les deuxième et troisième signes. Dans la « Leçon 2 », tous les quatre signes de base sont des *jubidisè*. C'est pourquoi le lecteur reconnaîtra facilement le schéma suivant :

Figure 5 : Les sept premiers signes de la Leçon 2

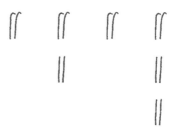

Les troisième et quatrième signes initiaux donnent également un *siké* comme résultat. Quand ils sont regroupés, les deux *siké* de la deuxième rangée donnent un *siké* dans la troisième rangée. Comme on peut s'y attendre, celui-ci sera tracé dans la colonne à l'extrême droite.

Pour reproduire les quatre prochains signes, l'élève doit se rappeler les quatre signes initiaux comme des codes binaires (verticaux) pour ensuite les lire de façon horizontale. Il met ainsi la rangée d'en haut, comme colonne, à gauche des quatre signes initiaux et la deuxième rangée à gauche de ces derniers. En code binaire, cela donne l'image suivante :

Figure 6 : Les codes des signes initiaux et les deux premières transformations

I	II	*II*	*II*	*II*	*II*
I	II	I	I	I	I
I	II	II	II	II	II
I	II	I	I	I	I

On voit donc que la rangée d'en haut des quatre signes initiaux sont quatre II (italique et en gras) et cela donne *siké* (italique dans la figure 6). En traçant ce signe, le maître géomancien ne prononce pas seulement le nom du signe, mais aussi, au préalable, le terme « *kinyèkun* » (« la tête du sable »).

La deuxième rangée des quatre premiers signes initiaux de la Leçon 2 (quatre *jubidisè* dans ce cas) consiste seulement en un I et cela donne *tamanakaté*. Alors, on peut ajouter les trois prochains signes (*siké* et *tamanakaté* donnent toujours un *tamanakaté*) :

Figure 7 : La transformation des signes initiaux, première étape

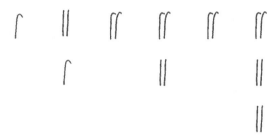

Encore une fois, l'élève dispose ici d'une règle de base. Il voit qu'en ajoutant un signe à un *siké*, cela ne change pas le signe en question ; dans le cas précis, le *tamanakaté* reste inchangé.

L'élève doit ensuite lire « horizontalement » les troisième et quatrième rangées des signes initiaux. Cela donne encore une fois un *siké* et un *tamanakaté*. Regroupés, les deux forment ensemble un *tamanakaté*. Le résultat est le suivant :

Figure 8 : La transformation des signes initiaux, deuxième étape

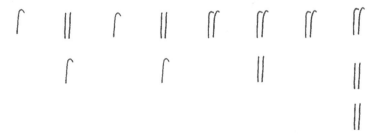

Les deux prochains signes sont maintenant faciles à comprendre ; deux *tamanakaté* donnent un *siké* et deux *siké* donnent un *siké* :

Figure 9 : Les quinze premiers signes de la Leçon 2

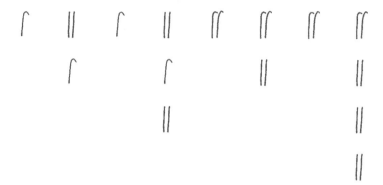

Un tel schéma de quinze cases à partir de quatre signes initiaux est un principe qui est déjà connu depuis des siècles dans plusieurs parties du monde ; c'est en fait aussi la base du système bien répandu des 16 cases [2]. Dans ce système, l'on reçoit un seizième et dernier signe en regroupant le quinzième signe au premier signe initial (le signe d'en haut à droite). Il y eut au fil des années de nombreuses études sur ce système (Voir « Une réflexion de méthode »).

Toutefois, les experts géomanciens des Monts Mandingues continuent d'une autre façon, qui, selon moi, est unique et n'a jamais été décrite.

Le système des Monts Mandingues est, « selon la technique de calcul », plus difficile que le système plus connu de 16 cases. Le plus difficile dans les leçons de géomancie des Monts Mandingues est justement la partie qui va suivre.

Afin de comprendre la formation des sept derniers signes, l'élève doit savoir dans quel ordre préétabli le maître forme les signes ; ce dernier n'accepte pas qu'on s'écarte de cette procédure. C'est pourquoi, afin d'appuyer la suite de ma description, je donne d'abord le schéma dans lequel je numérote les signes par ordre de production.

---

[2] La forme du dessin du schéma de géomancie (avec 16 cases) a inspiré Eglash (1997 et 1999) à faire une analyse dans laquelle il associe cette forme de géomancie à des principes géométriques sur les 'fractals' (répétition de motifs semblables sur une échelle qui diminue au fur et à mesure). Cependant, la manière dont les Maninka parachèvent leur schéma de géomancie jusqu'à 22 cases ne corrobore pas l'argument d'Eglash. Dans les Monts Mandingues, le schéma de 15 signes est toujours un « schéma de base » auquel les devins ajoutent sept signes.

Les experts eux-mêmes ne pensent pas en termes de positions avec un numéro. Ils appellent les positions des «cases» («*sow*») et donnent, au cours de leur interprétation, des caractéristiques spéciales à certaines des cases. (Je commente ces caractéristiques dans la Deuxième Partie).

Cependant, ce schéma avec l'ordre de succession des positions est nécessaire au lecteur pour qu'il comprenne la façon de tracer le schéma de géomancie. Le schéma avec l'ordre de succession des positions se présente comme suit :

Figure 10 : L'ordre de succession fixe de la formation des quinze premières cases/ positions

12	11	9	8	5	4	2	1
	13		10		6		3
			14				7
							15

La formation des seizième, dix-septième et dix-huitième signes est différente en ce sens qu'ici, on ne fait pas de regroupement de signes (qui sont proches dans le schéma) les uns avec les autres. Pour faire le seizième signe, l'expert ajoute le signe à la position 5 (le quatrième signe initial) ensemble avec le signe à la position 15 (le signe situé le plus en bas, la fin du «schéma de base»). Il fait de même pour obtenir le dix-septième signe. Pour ce faire, il ajoute la position 12 à la position 14. Les deux nouveaux signes, regroupés, produisent le dix-huitième signe (position 18 = position 16 + position 17). Le schéma de la Leçon 2 ressemble à ce qui suit :

Figure 11 : Les dix-huit premiers signes de la Leçon 2

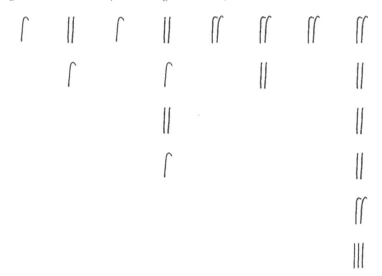

Ce point est également une étape qui constitue une règle de base : en ajoutant *tamanakaté* à un autre signe, on obtient un « reflet » de ce signe (pour savoir pourquoi je choisis cette métaphore du miroir, voir figure 1 dans la Leçon 1). Celui qui étudie à fond la géomancie s'apercevra qu'on peut apprendre facilement le regroupement d'un *tamanakaté* avec un autre signe grâce à « l'effet de miroir ». C'était apparemment le cas pour les élèves de Namagan, car eux aussi effectuaient relativement vite, sans faute et sans hésitation, le regroupement d'un signe avec *tamanakaté*.

Quand on apprend bien les signes et leurs codes, on peut facilement assimiler la formation des dix-huit premiers signes. *La production du signe à la position 19 est si complexe qu'il constitue, aussi bien pour l'élève que pour nous, une grosse pierre d'achoppement.* Celui qui est capable d'accomplir, de mémoire et sans faute, le dix-neuvième signe en dix secondes peut se considérer comme un expert !

Le « calcul » du signe à la position 19 exige une conversion (imaginaire) de la rangée supérieure de signes en codes binaires. En ce qui concerne la Leçon 2, cette rangée se présente comme suit :

Figure 12 : La rangée supérieure de la Leçon 2, présentée en codes binaires

I	II	I	II	II	II	II	II
I	II	I	II	I	I	I	I
I	II	I	II	II	II	II	II
I	II	*I*	II	*I*	I	*I*	I

Regardez maintenant la rangée du bas de cette figure et, lisant de droite à gauche, prenez le « bit » du bas des deuxième, quatrième, sixième et huitième colonnes. (Dans la figure 12, ces derniers sont en gras et en italique). Dans le cas présent, cela veut dire quatre fois I (impair) et donne un signe qui est, ici, un *tamanakaté*. On ajoute ce *tamanakaté* « imaginaire » au signe à l'extrême gauche (le signe à la position 12, dans ce cas, lui aussi est un *tamanakaté*), et l'on obtient de cette façon le signe à la position 19. Ce signe se trouve sous la position 12. Dans notre exemple le signe sous la position 19 est un *siké*.

On s'attend à ce que l'élève déduise lui-même cette procédure à partir des actions du maître. C'est peut-être pourquoi Namagan était peu empressé quand il m'expliquait, en novembre 1999, le principe sous-jacent. Je suppose que normalement, un élève est censé apprendre cela avec un de ses collègues.

En faisant le signe à la position 19, le maître montre respectivement les signes aux positions 2, 5, 9 et 12 pendant qu'il prononce les mots suivants : *Ka wuli* [nom du signe à la position 2], *ka na* [nom du signe à la position 5], *ka se/si* [nom du signe à la position 9]. [Nom du signe imaginaire]-*ba bè* [nom du signe à la position 12] *sòrò ka ko fila* [nom du signe à la position 19] [3].

Dans la Leçon 2, cela veut donc dire : « *Ka wuli jubidisè, ka na jubidisè, ka si tamanakaté. Tamanakatéba bè tamanakaté sòrò ka ko fila siké.* » (« Quitter jubidisè, arriver à jubidisè, passer la nuit à tamanakaté. Un grand *tamanakaté* trouve un *tamanakaté* et les deux forment un *siké*. »)

Les trois derniers signes se forment ensuite d'une manière qui peut paraître connue au lecteur. À la position 20 vient le regroupe-

---

[3] À la position 19, il ne peut y avoir que huit des 16 signes parce que le dernier « bit » du code binaire est toujours II ; le dernier « bit » est en effet toujours pair, étant donné qu'il résulte du regroupement de deux fois le même bit (le dernier de la position douze). J'ai souvent fait une telle observation à Namagan, mais il réagissait avec un haussement de tête à cette remarque qui se voulait « intelligente » ; une telle chose est visiblement sans importance pour lui.

ment des signes aux positions 13 et 19. La position 21 est le résultat du regroupement des positions 17 et 20. Le dernier signe est obtenu en ajoutant les positions 18 et 21.

L'élève devra, par la suite, toujours remplir les 22 positions selon cet ordre spécifique ; le maître n'acceptera pas qu'on s'écarte de cet ordre :

Figure 13 : L'ordre de génération des 22 signes

12	11	9	8	5	4	2	1
19	13		10		6		3
	20		14				7
			17				15
			21				16
							18
							22

Le schéma de la génération elle-même est :

Figure 14 : Le schéma de génération d'un schéma de géomancie des Monts Mandingues

12	11	9	8	5	4	2	1
19 (voir texte)	13 (=11+12)		10 (=8+9)		6 (=4+5)		3 (=1+2)
	20 (=13+19)		14 (=10+13)				7 (=3+6)
			17 (=12+14)				15 (=7+14)
			21 (=17+20)				16 (=5+15)
							18 (=16+17)
							22 (=18+21)

Pour ceux qui veulent vérifier leurs propres calculs, il est très facile de reproduire ce schéma dans Excel (voir figure 15). Les codes que cela donne sont toujours des colonnes de quatre au total (pair et/ou impair) des chiffres (par exemple 4-3-6-0 pour *nimisa* ou 3-5-7-5 pour *tamanakatè*).

Figure 15 : Schéma de géomancie dans Excel (à lire de droite à gauche)

	H	G	F	E	D	C	B	A
1	=A4	=A3	=A2	=A1	D1	C1	B1	A1
2	=B4	=B3	=B2	=B1	D2	C2	B2	A2
3	=C4	=C3	=C2	=C1	D3	C3	B3	A3
4	=D4	=D3	=D2	=D1	D4	C4	B4	A4
5	=B4+H1	=G1+H1		=E1+F1		=C1+D1		=A1+B1
6	=D4+H2	=G2+H2		=E2+F2		=C2+D2		=A2+B2
7	=F4+H3	=G3+H3		=E3+F3		=C3+D3		=A3+B3
8	=H4+H4	=G4+H4		=E4+F4		=C4+D4		=A4+B4
9		=G5+H5		=E5+G5				=A5+C5
10		=G6+H6		=E6+G6				=A6+C6
11		=G7+H7		=E7+G7				=A7+C7
12		=G8+H8		=E8+G8				=A8+C8
13				=E9+H1				=A9+E9
14				=E10+H2				=A10+E10
15				=E11+H3				=A11+E11
16				=E12+H4				=A12+E12
17				=E13+G9				=A13+D1
18				=E14+G10				=A14+D2
19				=E15+G11				=A15+D3
20				=E16+G12				=A16+D4
21								=A17+E13
22								=A18+E14
23								=A19+E15
24								=A20+E16
25								=A21+E17
26								=A22+E18
27								=A23+E19
28								=A24+E20

Qu'a-t-on appris dans la Leçon 2? Le schéma de la Leçon 2 (figure 3) est à juste titre une leçon pour débutants: elle est simple, mais contient des règles de «calcul» cruciales. Le schéma est relativement facile parce qu'on n'y retrouve que quatre signes et aussi parce que les mêmes paires de signes reviennent toujours. En plus, les combinaisons de la Leçon 2 montrent trois règles de calcul très importantes:

1) Quand on regroupe deux signes similaires, le résultat est un *siké*;

2) En regroupant un *tamanakaté* avec un autre signe, on obtient un signe «reflété»;

3) Ajouter un *siké* «ne change rien» (*a tè foyi yèlèma*).

Ces règles de calcul soutiennent mon argument selon lequel les six leçons forment ensemble un cours. Cela explique pourquoi les élèves peuvent comprendre les leçons sans explications détaillées [4].

---

[4] Il est peut-être superflu de mentionner que Namagan lui-même a reconnu immédiatement l'explication de mes règles «arithmétiques», mais en même temps m'a donné l'impression que la chose allait tellement de soi qu'elle ne méritait pas qu'on y accordât de l'importance.

DEUX *SIKÉ* ET DEUX *TAMANAKATÉ*

La Leçon 3 (*kalan sabanan*, littéralement «la troisième leçon») est facile à suivre pour celui qui maîtrise la Leçon 2. La raison en est que la Leçon 3 commence avec deux *siké* et deux *tamanakaté* comme signes initiaux. Ceci doit être lu de façon «horizontale» («inversée») comme quatre *nyagaransè*. Ainsi, il n'est pas difficile de faire les dix-sept premiers signes dans le schéma des 22 signes, même pour un débutant:

Figure 16: Les schémas de la Leçon 3 (les dix-sept premiers signes)

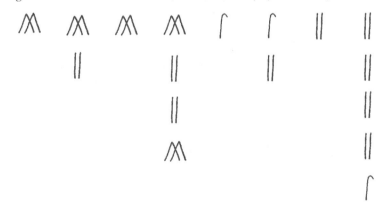

Cependant, la Leçon 3 est plus difficile que la Leçon 2 à cause du fait qu'il faut remplir les cinq positions restantes; l'élève apprend, ici, un certain nombre de nouvelles combinaisons qui sont plus difficiles que de «refléter» un signe en l'ajoutant à un *tamanakaté* (voir Leçon 2). C'est surtout les cinq dernières positions de la Leçon 3 qui demandent beaucoup d'efforts à l'élève – essayez-le vous-même à partir de la figure 16!

Les moments cruciaux de la Leçon 3 se trouvent à la fin de cette leçon; tout d'abord, cette leçon donne à l'élève beaucoup de confiance en soi et, à la fin, le met même au défi de se surpasser. Le résultat final est (voir figure 17):

Figure 17 : Le schéma complet de la Leçon 3

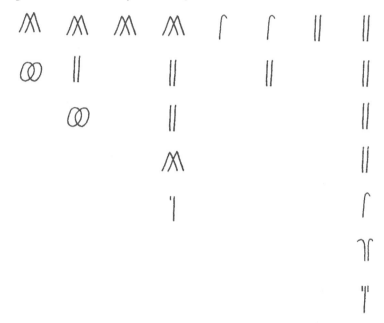

On voit pourquoi la Leçon 3 est plus difficile que la 2: au bout du compte, elle comporte sept signes différents. L'élève sera surpris par cette variation «brusque» de «calcul».

L'élève de niveau avancé apprendra que la Leçon 3 peut être utilisée pour des cas particuliers. Je traiterai de cela à la fin du livre, dans l'Annexe I.

UN *NIMISA* ET TROIS *KUMADISÈ*

La leçon 4 (*kalan naaninan*, littéralement «la quatrième leçon») est plus difficile que les leçons précédentes. L'élève est vraiment mis dans le bain parce que la Leçon 4 comporte onze signes différents. Certains d'entre eux apparaissent plusieurs fois dans le schéma des 22 signes, mais proviennent d'un regroupement de deux signes différents. Ainsi, le *jubidisè* à la position 3 (voir figure 18) résulte du regroupement des signes initiaux *nimisa* et *kumadisè*, mais le *jubidisè* à la position 21, est le résultat du regroupement de *maramaro* et *kumadibinè*. La compréhension du fait qu'un signe peut être le produit de plusieurs combinaisons est, quelque naturel que cela paraisse, une importante étape de l'apprentissage.

Figure 18 : Le schéma de la Leçon 4

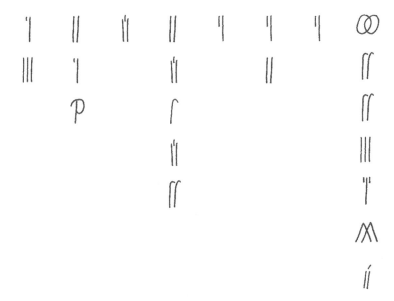

La Leçon 4 nous apprend, de façon abstraite, qu'il y a plusieurs combinaisons possibles et qu'un même signe peut être le résultat d'un regroupement de plusieurs paires de signes. L'élève talentueux comprend déjà qu'il y a 16*16 = 256 combinaisons (ou du moins sentir qu'il y a plusieurs sortes de combinaisons) et que chaque signe peut donc provenir de 16 combinaisons.

Un autre moment clé dans Leçon 4 est que ce schéma apparaît aussi en réalité dans la pratique parce qu'il s'agit de l'un des 256 schémas initiaux du type de géomancie dont il est question ici. Ces schémas initiaux nécessitent quelques explications. Pendant que dans le système plus connu de 16 signes possibles et quatre signes initiaux, on travaille avec 16*16*16*16 = 66.536 schémas initiaux possibles (cf. Jaulin 1966), les experts des Monts Mandingues prennent seulement les signes *siké, nimisa, kumadisè* et *jubidisè* comme signes initiaux. Ainsi, il y a seulement 4*4*4*4 = 256 schémas initiaux possibles.

L'étape 2 de la Deuxième Partie décrit comment sont générés les quatre signes initiaux et quelles conséquences arithmétiques cela entraîne. Je parlerai également dans cette Deuxième Partie de la neutralité arithmétique qui est en vigueur en choisissant *siké, nimisa, kumadisè* et *jubidisè* comme signes initiaux.

JUBIDISÈ, NIMISA, SIKÉ ET NIMISA

La Leçon 5 (*kalan duurunan*, littéralement « la cinquième leçon ») est, tout comme la Leçon 4, un schéma qui se produit dans la pratique. Dans la Leçon 5, l'élève comprendra qu'avec un schéma initial, les sept premières positions ont toujours les mêmes quatre signes : *siké, nimisa, kumadisè* et *jubidisè*, par addition, se génèrent toujours. L'élève acquiert ainsi une aptitude qui, dans la pratique, se révélera essentielle. Cette règle de base est un moment didactique important parce que l'élève peut, désormais, réaliser les premiers signes en toute confiance.

De plus, il apprend dans la Leçon 5 qu'aux positions 8 et 11, il y a toujours un *siké* (voir la Leçon 6 pour l'explication). La Leçon 5 se présente comme suit :

Figure 19 : Le schéma de la Leçon 5

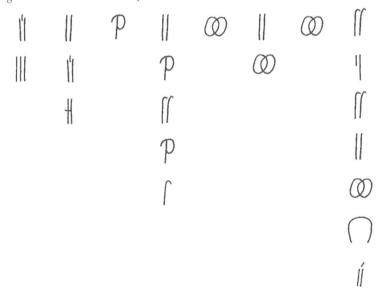

DEUXIÈME ÉTAPE

La Leçon 6 (*kalan wooronan*, littéralement « la sixième leçon ») repose sur un principe important : *ka yèlèma*, littéralement « changer ». C'est une sorte « d'interrogatoire poussé » sur un schéma qui est dérivé du schéma original. Quand l'expert a fini d'interpréter son schéma, il peut vouloir poser une question qui suit la question initiale.

Il pose cette question à un nouveau schéma qu'il dessine sur la base de quatre signes qu'il prend de son schéma initial. J'appelle ce nouveau schéma la deuxième étape.

« L'interrogatoire poussé » se fait avec les quatre signes de la deuxième rangée (à l'exception du signe à la position 19) du schéma initial. Pour trouver des exemples, il faut se référer aux schémas des Leçons 5 et 6 ; la Leçon 6 est la deuxième étape de la Leçon 5[1].

Avant qu'il n'effectue la deuxième étape, l'expert efface d'abord le schéma initial. Toutefois, il note bien à droite du schéma les quatre premiers signes ; ces derniers forment le *kènyèkolo* (« l'ossature du sable »).

Trouver les quatre signes pour la deuxième étape se passe toujours sans faute, même pour un débutant. Il y a deux raisons pour cela. Tout d'abord, le fait que les premier et deuxième signes de la deuxième étape appartiennent toujours à la catégorie des quatre signes initiaux qui se transforment mutuellement (voir la Leçon 5) : *siké*, *nimisa*, *jubidisè* et *kumadisè*.

La deuxième raison en est que, dans la seconde étape, les troisième et quatrième signes initiaux sont faciles à obtenir parce qu'ils sont identiques aux positions 9 et 12 de la première étape. Cela devient clair quand on observe les codes des quatre signes initiaux potentiels :

---

[1] C'est seulement en écrivant ce livre que je me suis rendu compte que la Leçon 6 est la deuxième étape de la Leçon 5.

48

II	*II*	*II*	*II*
I	II	I	II
II	*II*	*II*	*II*
I	I	II	II

Quels que soient l'ordre de succession et le nombre de signes qu'il y a dans les quatre signes initiaux, il y aura toujours, «lu horizontalement», deux signes *siké* (italique et en gras dans la figure 20). Ces deux *siké* apparaissent aux positions 8 et 11. Ajoutés respectivement aux positions 9 et 12, les produits des positions 10 (regroupement de 8 et 9) et 13 (regroupement de 11 et 12) seront toujours identiques respectivement aux positions 9 et 12. On voit ce principe dans les Leçons 2 (figure 3), 4 (figure 18) et 5 (figure 19) parce que dans ces leçons, les quatre signes initiaux proviennent de «l'union» de *siké*, *nimisa*, *jubidisè* et *kumadisè*.

Figure 21 : Le schéma de la Leçon 6 ; deuxième étape de la Leçon 5

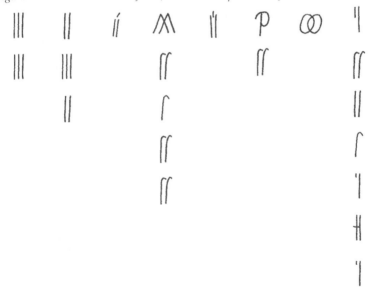

Le choix de quatre signes à partir de la deuxième rangée comme base d'une deuxième étape est un «mécanisme de sécurité» dans le système de géomancie des Monts Mandingues. Ce mécanisme de sécurité limite les fautes lors la formation de la deuxième étape.

Il est ingénieux d'utiliser les signes produits relativement tôt pour une deuxième étape. Les chances que ceux-ci soient le résultat d'une erreur de calcul sont relativement minimes parce que les treize premiers signes d'une première session sont plus faciles à générer que les neuf qui suivent. Il serait dangereux de prendre, par exemple, les quatre derniers signes étant donné que la plupart des fautes sont commises en formant la position 19 [2].

C'est avec le schéma de la figure 21 que se terminent les six leçons que les élèves reçoivent à Farabako. On peut remarquer qu'une étape ultérieure ne doit évidemment pas conduire à un schéma compliqué [3]. Cela se produit surtout quand un élève assidu essaie de passer aux prochaines étapes à partir de la Leçon 6 (voir figure 22 à la page suivante). La cinquième étape (à partir de la Leçon 5 comme schéma de base) apparaît ici comme un «terminus», parce qu'elle génère les mêmes quatre signes successifs que la quatrième étape (un *tamanakaté* et trois *siké*) ; de ce fait, une sixième étape aurait été identique à la cinquième.

---

[2] En cela, j'estime que le système des Monts Mandingues est plus subtil que celui plus connu de 16 cases parce que dans ce cas, on prend les quatre derniers signes comme des signes initiaux pour un prochain schéma (voir Bertaux 1983 : 119).

[3] La deuxième étape - la plus simple - est sans doute celle de la Leçon 3. Ce schéma, qui est fréquemment utilisé, est composé de 22 signes *siké*, un schéma qui est considéré comme «mauvais» (*jugu*) (voir l'Annexe, sur les «33 hommes»).

Figure 22a : Schémas qui apparaissent en continuant avec la Leçon 6 - la troisième étape

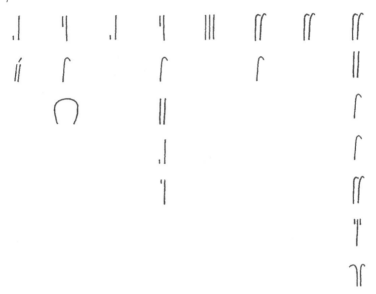

Figure 22b : Schémas qui apparaissent en continuant avec la Leçon 6 - la quatrième étape

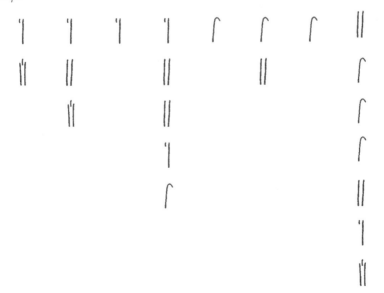

Figure 22c : Schémas qui apparaissent en continuant avec la Leçon 6 - la cinquième
étape

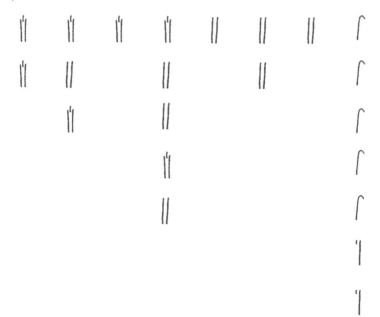

DEUXIEME PARTIE

LA GÉOMANCIE DANS LA PRATIQUE

LA MODESTIE MÉTHODIQUE DE L'EXPERT ET DE SON ÉLÈVE

Les élèves avancés de Namagan ont remarqué que l'apprentissage des six leçons constitue la pierre angulaire de leur curriculum. Ils étaient d'avis que si quelqu'un peut faire sans faute les schémas dans le sable, il peut librement consulter le sable. Ainsi, son maître le laissera « partir », le « libérera » (*ka labila*). Apparemment, ces élèves avancés trouvaient tellement que les autres aptitudes qu'ils avaient apprises allaient de soi, qu'ils considéraient la capacité de faire les schémas sans faute comme un critère suffisant pour « être libérés ».

Ces jeunes ne semblent pas s'apercevoir que le comportement, le parler, le mouvement, la connaissance des plantes et la connaissance des *basiw* sont autant d'aptitudes nécessaires pour être un bon expert en géomancie. Ce sont ces capacités dont je traite dans la Deuxième Partie. Contrairement à la Première Partie, la Deuxième Partie est basée sur mes observations et je les décris comme six phases dans une session de géomancie

Même après sa « libération », un élève ne doit jamais se présenter comme un expert ; il doit rester modeste. Namagan donnait lui-même le bon exemple. En présence d'un aîné ou d'un camarade d'âge qui s'y connaissait aussi en géomancie, il se présentait toujours comme l'élève de ce dernier. Ce « maître » ne protestait jamais contre cela, même s'il n'en pensait pas un mot. C'est surtout une règle de politesse.

Un expert doit aussi être modeste par rapport à sa propre connaissance. Quand Namagan donnait la signification d'un schéma, il disait toujours qu'il l'avait appris de son maître Bakari Murukòrò Coulibaly de Sananba Sèbèkòrò, un village des environs de Ségou. Ainsi, il place l'autorité de sa connaissance loin en dehors de la région dans laquelle il se trouve. Namagan estime la position de ses maîtres extrêmement importante. «Ton succès comme *kinyèdala* («dessinateur de sable») est déterminé par le respect que tu accordes à tes maîtres,» me disait-il.

C'est seulement après plusieurs années de recherche, quand, en août 2003, assis derrière Namagan, sur sa moto, je posais des questions à lui par rapport à ses maîtres (*karamògòw*), qu'il me donna une réponse qui me paraissait plus plausible: «J'ai beaucoup voyagé et partout, j'ai bien ouvert les yeux. Cependant, mes maîtres ont été surtout feu mon père, Morifin (décédé vers 1995), Kinyèmadi (décédé au printemps de 2003) et Bala (né en 1931).» Tous les autres hommes qui lui rendaient visite à Farabako et qu'il me présentait comme ses «maîtres», étaient en fait ses «élèves». Cela correspondait avec mes observations, car c'était toujours Namagan qui «avait les choses en main» lors des sessions de divination avec ses «maîtres».

La stratégie de modestie de Namagan est le comportement de base d'un expert en divination. En effet, un expert en divination dans les Monts Mandingues n'est pas quelqu'un qui a des connaissances encyclopédiques. Contrairement à la géomancie Ifa qui a été bien étudiée, où l'expert doit apprendre par cœur et appliquer un corpus donné, dans les Monts Mandingues l'interprétation diffère selon le client[1]. Lors du «début» officiel de mes «leçons» en novembre 1999 auprès de Namagan Kanté, Bala Kanté disait ceci: «Une seule personne ne peut pas tout comprendre (*Mògò kilin t'o ban nyè dò la*).» Un expert est donc, en partie, dépendant d'une bonne présentation et d'une oreille attentive.

Par conséquent, l'expert opère avec modestie et circonspection. Alors que Namagan, en présence de «jeunes» élèves et visiteurs, donnait sans hésiter des prescriptions et des interprétations, il s'en abstenait en présence d'autres experts. Après avoir dessiné (*da*) le schéma, les experts regardaient toujours pendant quelques secondes le schéma avant que l'un d'entre eux prenne la parole. Si personne ne le faisait, alors c'est Namagan qui donnait la parole à quelqu'un en posant une question. D'emblée, il était toujours d'accord avec la réponse, même s'il y ajoutait souvent quelque commentaire. Il est

---

[1] Selon les ouvrages sur la géomancie Bamanan, j'ai l'impression que les sacrifices et les schémas sont formellement prédéterminés (par exemple Bertaux 1983). Cependant, je suppose aussi que les devins Bamanan, dans la pratique, font souvent une interprétation au cas par cas.

donc clair qu'il y a place ici pour un peu de créativités.

À part la modestie, il est aussi nécessaire de faire preuve de cir-conspection. On peut faire cela par exemple en affirmant qu'il est vrai que l'on connaît quelque chose, mais qu'on ne peut pas le dire parce que c'est un «secret personnel» (*dalilu*). Moussa Kanté, le fils aîné du fameux (Farabako-)Jigin (décédé en 2001), faisait régulière-ment cela. Un peu plus tard, peut-être sous l'influence de l'alcool, ou parce qu'il avait constaté que personne d'autre n'avait rien dit[2], Moussa donnait toujours l'interprétation «secrète».

Étant donné que la géomancie des Monts Mandingues «ne connaît que» 256 schémas initiaux (voir Leçons 4-6, Première Partie; phase 2, Deuxième Partie), les experts ont déjà vu souvent tous les sché-mas initiaux possibles ainsi que les étapes suivantes. Vu qu'un cer-tain schéma peut être la spécialité d'un autre expert, il est dangereux d'interpréter à l'improviste sans réfléchir. J'ai testé ce principe en présentant à Namagan quatre signes pris au hasard. Il a tout de suite complété le schéma qui s'y rapportait. Mais après un moment de silence, il me dit qu'il ne pouvait rien faire avec ce schéma, parce que son «maître ne lui a pas appris cela». Il n'a donc pas exclu l'existence du schéma et/ou son manque de signification[3]. Il ajouta cependant, après un moment de réflexion, et comme à contrecœur, qu'il faut «sacrifier du haricot à l'unique *katé* du schéma. Après avoir cuit ce haricot, on doit le manger et aller au lit sans se laver les mains. Cela porte chance.» J'ai souvent entendu Namagan donner une telle «ordonnance» à des visiteurs. Il dit aussi, quelque temps plus tard, qu'à l'unique *nyagaransè* du schéma, il fallait sacrifier un tissu (*fanni*) et une noix de cola (*wòrò*) – encore un principe bien connu (voir phase 1) – pour éviter qu'une certaine femme ne marie un homme donné[4].

---

[2] Boubacar Tamboura opte pour la première hypothèse. Quant à moi, j'opte pour la deuxième.

[3] Mon schéma imaginaire était composé de trois tèrèmèsè et d'un autre signe. Étant donné qu'un expert fait au maximum sept étapes, il était invraisemblable que ce schéma appartienne aux 1792 (256*7) schémas qu'il ne verra jamais dans sa vie. Namagan n'apprécie pas de tels arguments arithmétiques.

[4] C'est là un sérieux problème dans la société polygamique Maninka dans laquelle un homme «reçoit» sa première femme de la famille de son père, mais pour la dot de ses autres femmes, il doit travailler dur. Par conséquent, il fait souvent un premier

Avec ce test, Namagan ne sortait pas du cadre que je lui connaissais; il renvoyait à son maître Bakari et, pendant qu'un chercheur scientifique a le doute méthodique comme seconde nature, Namagan, lui, avait une modestie méthodique. Toutefois, cela n'empêchait pas ses commentaires et interprétations d'être très directs et concrets (tout comme l'homme de science est souvent très convaincu de ses points de vue). C'est de cette grande variation dans « les impressions » que l'expert tire en partie son statut, peut-être pas seulement dans le domaine de la divination, mais aussi dans d'autres formes d'expertise[5].

« IMPRESSION MANAGEMENT » : UN CHOIX MÉTHODIQUE

Pendant ma recherche sur le terrain, mon but était surtout de pouvoir imiter le schéma des 22 cases, tellement j'étais fasciné par les dessins dans le sable. Cela eut (indubitablement) lieu aux dépens d'autres aspects de la géomancie comme la connaissance des plantes, la préparation des médicaments et (dans une moindre mesure) l'interprétation du sable et l'attitude envers les clients. Dans les Monts Mandingues, un élève acquiert ces capacités pendant les années où il étudie les six leçons. Je n'avais pas le temps pour cela.

Ainsi, je n'ai que des esquisses de toutes les opérations qu'un expert géomancien doit maîtriser. Je vais passer en revue ces esquisses comme six phases dans la Deuxième Partie. Ces esquisses sont d'un côté des observations personnelles, mais de l'autre côté, c'est aussi une tentative d'adhérer aux idées de Goffman, idées qui sont dominées par ce qu'il appelle «impression management» «gérer les impressions» (cf. Goffman 1990 [1959]) : en principe les acteurs ne se connaissent pas, mais jouent dans une pièce de théâtre sur la base de

---

pas vers un mariage – avec les cadeaux et dons y afférents – dans l'espoir que le reste peut être réglé après le mariage. Les parents de la mariée ne sont jamais d'accord avec cette démarche et cela peut durer des années avant qu'un compromis ne soit trouvé. Toutefois, il est aussi possible que dans l'intervalle, la femme en question ou sa famille commence une relation de mariage avec quelqu'un d'autre. Le premier candidat doit alors déployer beaucoup d'efforts pour qu'on lui retourne ses cadeaux et dons.

[5] Selon le dictionnaire néerlandais Wolters un expert (devin) est quelqu'un qui rend un jugement sur des affaires controversées. C'est pourquoi j'appelle Namagan un expert et non pas un spécialiste; un spécialiste est, selon ce dictionnaire, quelqu'un à qui on fait appel seulement sur la base de ses connaissances ou de ses capacités.

normes implicites qu'ils empruntent à plusieurs contextes et qu'ils réorganisent sur place en une interaction à plusieurs couches. Ce faisant, chaque acteur adaptera sa présentation et son image de soi au public avec lequel il est en relation. Cette approche des actions humaines a, de tout temps, été utilisée dans la sociologie de la vie urbaine, souvent pour avoir une idée des actions des gens qui ne se connaissaient pas. Cependant, je pense que cet anonymat est tout aussi valable pour la divination dans les Monts Mandingues.

Dans la plupart des cas, l'expert connaît effectivement à peine son client. La raison en est donnée par Jean-Paul Colleyn (2005) : il est en effet dangereux d'impliquer dans tes problèmes quelqu'un qui connaît ta famille. C'est pourquoi les gens cherchent leur salut chez un expert d'un autre groupe ethnique. Quant à l'expert lui-même, il a reçu sa connaissance en dehors de son propre groupe. Colleyn poursuit (ib.) :

> La divination, comme technique et domaine par définition liés à une conception du monde, se moque bien des fameuses «frontières ethniques». Une session divinatoire révèle toujours d'une certaine façon la manière dont les acteurs (consultant et devin) comprennent le monde social et le relient aux lois cosmiques. Tous les ethnographes qui ont travaillé au Mali savent bien que de nombreux aspects de la culture sont, en fait, «trans-ethniques», tout particulièrement lorsqu'il s'agit de savoirs spécialisés. On peut citer le cas des *nyamakalaw*, mais aussi des chasseurs et des devins guérisseurs. La formation de ces derniers, d'ailleurs, requiert un voyage, une quête du savoir au-delà de la sphère des proches. Sans doute n'a-t-on pas non plus tiré toutes les leçons du fait que l'organisation «clanique» des patronymes est également trans-ethnique, même s'il faut faire la part du légendaire dans les réinterprétations locales. Apparemment, des «morceaux de culture», qui ne sont pas nécessairement enracinés dans une spécificité ethnique, circulent, s'adaptent et se recombinent sur un très vaste territoire depuis très longtemps et continuent de le faire aujourd'hui. Les éleveurs peulh consultent des devins dogon, des Senufo consultent des Bamana, des Ba-

mana consultent des Bozo, etc. Depuis les sévères sécheresses des années soixante-dix, des familles dogon se sont établies le long de la route Ségou-Koutiala-Sikasso. Certains de ces agriculteurs, officiellement musulmans, sont également des devins réputés et leurs nouveaux voisins Minianka et Senufo, réputés «animistes», viennent les consulter à propos d'enjeux aussi sérieux que des questions de vie et de mort. Cette interaction ne résulte pas d'un hasard, ni de la seule bonne réputation d'un géomancien, mais plutôt d'une règle d'interprétation externe: «La personne qui te connaît et qui sait comment prendre ta famille, celle-là ne sera pas ton devin» (Kuntigi Sanogo, devin, Watorosso, enquête 1983).

Selon mon interprétation de Goffman, je vois la connaissance du devin comme un mélange de normes et de thèmes établis (qu'est ce qu'il faut sacrifier et comment le faire) que le devin compose sur place en un complexe impressionnant de «remèdes» et de règles de conduite. La connaissance est crédible parce que – selon l'approche de Colleyn – aussi bien l'expert que le client associent de la même façon les unes aux autres les règles sociales et les lois cosmologiques[6].

Ce qui manque dans mon approche, ce sont les préparatifs personnels d'un devin parce qu'ils doivent rester cachés, ou se dérouler dans l'isolement[7]. Je sais que Namagan consulte souvent tout seul le sable. «Sans *baara* («travail», «pratique», «exercice»), on perd la main,» m'a-t-il dit une fois en me montrant la face poussiéreuse de sa main droite.

Comme argument pour mon choix de mettre l'accent sur les opérations réelles, je voudrais ajouter que la connaissance n'est pas seulement théorique, textuelle et analytique, mais aussi personnelle

---

[6] J'aurais pu tester mon approche avec une étude systématique de l'interprétation du schéma, mais pour cela il me manque et le temps et les capacités linguistiques. Mon étude est donc «provisoire», mais je me sens conforté par l'analyse de Colleyn. Graw (2005) donne la primauté à l'interaction entre le devin et son client et, ainsi, rend absolu le caractère relatif et relationnel de la connaissance de l'expert. Pour moi, il n'est cependant pas évident que ce que l'expert veut dire soit directement en relation avec ce que le client désire et vice-versa.

[7] Namagan m'a raconté qu'il fait souvent bouillir ou qu'il boit certaines potions la nuit. Avant qu'il ne fasse pour moi le *basi* «objet de pouvoir» Danbakoriya («Stop à la trahison»), il s'était lavé dans l'isolement avec un extrait de feuilles.

et pratique, comme une dérivée de l'expérience et de l'intuition. Cette dernière forme de connaissance est en partie un produit de la soumission à un maître. Marchand (2001 : 73) renvoie vers ces deux formes de connaissance dans son étude sur les constructeurs traditionnels de minaret à Sana'a (au Yémen) chez qui il a travaillé longtemps comme apprenti :

> Le lien entre l'éducation et la formation de l'individu en tant que musulman, artisan, et en tant que membre d'une communauté responsable « d'experts », permettra de comprendre comment la connaissance spatiale et l'expertise sont inculquées dans l'esprit d'un constructeur traditionnel de Sana'a. Pour cette étude, les constructeurs traditionnels ont été définis comme ceux-là qui utilisent des matériaux et des méthodes indigènes de construction, et acquièrent leur connaissance d'expert à travers l'apprentissage par opposition à un processus technique ou un processus d'éducation formalisé. (…) L'apprentissage comme méthodologie m'a permis, comme ethnographe, de fusionner le sujet de l'étude avec son objet, et surtout d'*apprendre par l'apprentissage* dans un contexte dans lequel la formation technique formelle, les ingénieurs, et les plans tracés sont inexistants[8].

À travers le comportement du maître, l'élève apprend à imiter non seulement en mots, mais aussi en gestes. C'est seulement en observant que le chercheur peut « apprendre par l'apprentissage ». La Deuxième Partie est basée sur mes impressions en tant qu'élève. C'est pourquoi, je l'ai écrite le plus souvent à partir de la vision d'un élève, un rôle que Namagan et moi-même considérions comme acceptable. Sur la base de plusieurs heures d'observation et d'exercices

---

[8] « The link between the individual's education and training as a Muslim, a craftsman, and as a member of a responsible community of 'experts', will provide an important key to understanding how spatial knowledge and expertise is incalculated in a traditional Sana'ani builder. Traditional builders have been defined for the purpose of this study as those employing indigenous materials and construction methods, and deriving their expert knowledge through apprenticeship as opposed to a technical or formalized education process. (…) Apprenticeship as a methodology has enabled me, as ethnographer, to merge the subject of study with the object of study, and most importantly to *learn about learning* in a context in which formal technical training, engineers, and drawn plans are non-existent ».

pratiques réguliers, je suis arrivé à l'idée que «l'impression mana-gement» est méthodiquement la bonne approche pour analyser un devin. J'ai traduit les aptitudes de cet «impression management » dans quelques «phases» qui reviennent presque toujours dans une session de divination. Il s'agit de :

Prélude :   L'accueil par le devin

Phase 1 :   Présentation au sable et, si nécessaire, une «procé-dure de base»

Phase 2 :   Détermination des quatre signes initiaux

Phase 3 :   Interrogation du sable

Phase 4 :   Détermination du sacrifice et interprétation du schéma

Phase 5 :   Exécution du sacrifice – une impression d'intensité et de précision

Phase 6 :   Dimension sociale du sacrifice

L'ACCUEIL PAR LE DEVIN

Un client ne sait peut-être pas que la première rencontre avec Namagan, quelque informelle que cela puisse paraître, est une opportunité «d'affaire» pour un devin comme Namagan. Lors d'une première rencontre, Namagan change beaucoup plus et plus rapidement d'humeur que dans la vie normale : tantôt il est tout d'un coup très sérieux, tantôt il fait une boutade. Cela a sans doute un effet sur le visiteur.

De cette première rencontre avec le visiteur Namagan garde, consciemment ou intuitivement, des idées qui peuvent lui être utiles quand il interrogera le sable ou sur la façon dont il va s'y prendre. Par ailleurs, il est important de dire que Namagan est très souvent absent. Souvent, il part vraiment en voyage. Dans ce cas, le visiteur l'attend patiemment pendant des jours et peut, pendant ce temps, parler avec d'autres devins de Farabako, ou bien bénéficier de leur assistance. Mais le plus souvent, Namagan n'est pas «loin», ce qui veut dire quelques heures d'attente pour le visiteur. Quand il est présent, la conversation avec le visiteur est presque toujours interrompue par l'arrivée de quelqu'un d'autre qui a besoin de lui. Il s'agit souvent de petites affaires.

Namagan est conscient de son programme chargé. Il dit souvent en riant «*Ne ka ko ka ca*» («J'ai trop d'affaires en cours»). En combinaison avec toutes les interruptions, ce comportement donne au visiteur l'impression que l'attention de Namagan est très remarquable. Et cela est nécessaire pour apprécier la valeur de ses conseils.

Les devins de Farabako, et Namagan en particulier, ont des programmes très chargés. L'attente est rendue agréable au visiteur par la grande hospitalité et l'attention personnelle des proches des devins. De plus, les femmes des devins font tous les jours la cuisine pour les visiteurs, même quand ils arrivent tard la nuit. Cette hospitalité adoucit l'attente ; le visiteur se sent toujours le bienvenu chez le devin.

PRÉSENTATION AU SABLE

Le devin consulte généralement le sable dans sa propre case, là où ses *basiw* («objets de pouvoir») se trouvent. Cependant, tout autre lieu est possible. Le devin commence une session en s'asseyant sur un bout de terre propre et plat. Avec sa main droite, il prend du sable finement tamisé d'un petit tas qui se trouve derrière lui, à côté de ses *basiw*. Il étale ce sable sur le sol, sur une surface d'environ 75 cm sur 75 cm. L'étalage du sable sur le sol se fait avec la main droite. Si le sable contient des morceaux, par exemple à cause du sang coagulé d'un sacrifice précédent, on peut utiliser les deux mains pour donner au sable sa structure normale. Une partie du sable reste sur le tas derrière l'expert. Il en aura besoin plus tard.

Les « basiw » de Moussa Kanté, le fils aîné de Farabako-Jigin. On voit entre autres un grand « basi » fait avec la corne d'un buffle.

Le devin trace ensuite de la main droite un grand *nimisa* d'environ 50 cm sur 50 cm à l'intérieur duquel il place à droite un *siké*, à gauche un *kumadibinè*. Cela donne la figure 23:

Figure 23 : La première phase du schéma inaugural

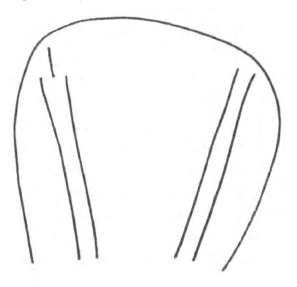

Après cela l'expert trace au milieu, de haut en bas, les signes *sao*, *nyagaranbinè* et *garela(n)*. Cela donne comme résultat la figure 24 :

Figure 24 : Le schéma inaugural

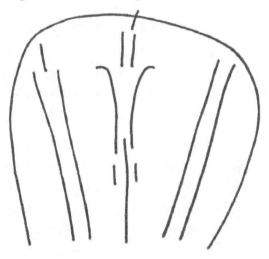

C'est maintenant que commence la consultation proprement dite. Celui qui a fait le schéma prend dans sa main droite une poignée de sable du tas restant. Il tient cette main au-dessus du schéma et l'agite lentement comme un essuie-glace. Ensuite, il répand ainsi petit à petit le sable sur le schéma. Quand la main est vide, il prend encore une poignée de sable. Cette procédure s'appelle *ka sènsèn* «tamiser»[1].

Pendant ce temps, la personne qui répand le sable continue à parler. Au cas où c'est un élève qui répand le sable, alors c'est le maître qui parle. Les mots sont prononcés rapidement. De cette façon les phrases, qui sont du parler normal, résonnent comme des formules qu'on récite. La première phrase est bien connue : on y fait appel aux huit esprits et huit personnes (voir Leçon 1). On parle régulièrement de Jitumu Bala (Bala originaire de Jitumu, une zone au Sud de Bamako). Ce personnage est considéré dans une grande partie du Mali comme le fondateur légendaire de la géomancie[2].

Avec ses mots, le devin «rend compte» au sable (*ka dantègè*) : il dit qui il est, qui étaient ses maîtres, il demande l'aide de ses maîtres, dit qu'il est honnête, qu'il ne cherche pas son intérêt personnel, qu'il n'a pas volé sa connaissance, ce qu'il a donné à son maître pour obtenir cette connaissance, quel genre de travail il a fait pour son maître et qu'il cherche les bénédictions du maître. Il nomme également les lieux où il est passé pour acquérir sa connaissance, la personne qui est maintenant en visite, les voyages que ce visiteur a faits. Très souvent, le devin commence à se répéter après un certain temps, surtout quand il trouve nécessaire de se présenter des minutes durant au sable. Je veux dire qu'il fait comme une sorte de «impression managament» et en même temps, comme une sorte de concentration ; ainsi le client est impressionné et au même moment cela donne au devin le temps de mieux s'imprégner de l'affaire. Il peut aussi ajouter des bénédictions pendant qu'il rend compte. Ceci est confirmé avec les *amina* = «amen» [confirmation] de l'assistance[3].

---

[1] On prenait le plus souvent la figure 24 comme point de départ. J'ai été témoin, une seule fois, qu'on prenne la figure 23. La différence entre ces stratégies m'échappe.

[2] Pour une légende sur Jitumu Bala, voir Bertaux 1983 : 129.

[3] Il est intéressant de mentionner que Boubacar Tamboura faisait souvent le commentaire qu'une telle présentation était du bluff et que le plus important était les feuilles/potions que le client devait recevoir. Je trouve cette critique inattendue de la

Avec ces mots, l'expert se présente non pas seulement au sable, mais aussi (indirectement) au client. Avec ses mots et ses bénédictions, il montre qu'il n'est pas un traficoteur, mais quelqu'un qui travaille dans une longue tradition et qui aidera le client avec dévouement.

Après cela, l'expert essuie avec sa main droite le schéma pour pouvoir recommencer «à zéro» avec la phase 2, la détermination des signes initiaux. Toutefois, on peut choisir, dans certains cas, une procédure standard plus concise. Je décris cette procédure dans l'Annexe I, à la fin de ce livre.

---

part d'un Malien dont j'attends plutôt qu'il ne sous-estime pas la force de la parole.

DÉTERMINATION DES QUATRE SIGNES INITIAUX

Ceux qui viennent consulter le devin éprouvent certains griefs ou certains désirs qu'ils peuvent exprimer ou pas. L'expert consulte le sable pour déterminer ce qui se passe dans la vie du visiteur. Il le fait en traçant un schéma de divination. Déterminer les quatre signes initiaux (*ba naani* = «les quatre mères» [?-JJ]) est, pour un schéma de divination, une étape composée d'une série d'opérations prédéterminées.

Quatre fois la même procédure se retrouve à la base de la détermination des quatre signes initiaux. Tout d'abord, l'élève pose trois doigts de sa main droite dans le sable et trace un trait à gauche. Ensuite il trace à l'aide de son index une courbe vers le haut en pointillés. Le nombre de traits n'est pas déterminé ; il y en a toujours plus de treize et moins de vingt. C'est ainsi qu'on obtient, par exemple, un dessin comme dans la figure 25.

Figure 25 : Le début du schéma pour trouver un signe initial

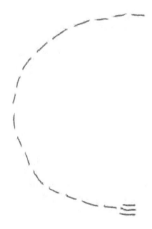

On répète maintenant la même procédure pour obtenir deux courbes parallèles dont l'une est plus grande que l'autre (voir figure 26).

Figure 26 : Le schéma pour trouver un signe initial, suite

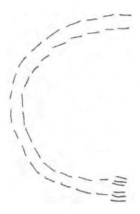

Maintenant on trace, de chaque côté de la courbe, un arc de liaison partant des deuxièmes traits vers les quatrième traits, les sixième traits, et ainsi de suite, en continuant presque jusqu'à la fin de la courbe. Ainsi, on saura si le nombre de traits de chaque courbe est pair ou impair. Dans notre exemple, cela ressemble à la figure suivante :

Figure 27 : Lecture de la courbe : impair pair

Dans notre exemple (figure 27) la courbe extérieure a un nombre de traits impairs et la courbe intérieure un nombre de traits pairs. À présent, l'expert applique une logique qui est déjà bien connue :

Impair = I

Pair = II

Il représente ce résultat respectivement dans la deuxième et quatrième position d'un signe dans lequel les première et troisième positions sont paires. On obtient de cette façon le signe *nimisa* :

II   connu d'avance et est par définition pair

I   résultat de la courbe extérieure

II   connu d'avance et est par définition pair

II   résultat de la courbe intérieure

Si le résultat avait été impair - impair, alors cela aurait donné un *jubidisè* comme résultat :

II

I

II

I

Un résultat pair – impair aurait donné un *kumadisè* :

II

II

II

I

Si le résultat avait été pair - pair, alors cela aurait donné un *siké* :

II

II

II

II

En trouvant la figure 27, l'élève/le devin aura découvert le premier signe – dans notre cas *nimisa*. Il « notera » ceci à droite de son schéma et effacera ensuite la figure. Après, il reprendra encore trois fois la même procédure et ainsi, il obtient les quatre signes initiaux avec lesquels il peut faire un schéma de 22 signes (selon le principe décrit dans la Première Partie).

Il y a donc 4*4*4*4 = 256 schémas initiaux possibles parce qu'il y a seulement quatre différents signes initiaux possibles dans la première étape. Cela constitue une grande différence avec le système plus connu de divination avec 16 cases où 16*16*16*16 = 65.536 signes initiaux sont possibles[1].

Namagan connaît ces 256 schémas initiaux par cœur. En voyant les quatre signes initiaux, il montrait qu'il reconnaissait le schéma en disant les caractéristiques extérieures (voir plus bas). Il connaissait aussi les prochaines étapes de plusieurs schémas. Et pourtant, il accordait toujours beaucoup d'attention à l'élaboration de chaque schéma (pour un exemple de cette précision, voir la phase 6) et il sautait rarement une étape.

Un schéma peut être plus facile à retenir que l'autre. Cela peut être dû à des facteurs « esthétiques ». Un exemple bien connu était le *kumadisè-sikè-kumadisè-siké*, quatre signes initiaux qui produisent huit signes *jubidibinè*. Ce qui donne une belle figure :

---

[1] J'ai consacré beaucoup de temps à la question de savoir si le nombre limité de schémas initiaux possibles avait des conséquences formelles sur la nature de la géomancie des Monts Mandingues. Pour les résultats de mes recherches, voir Annexe II.

Figure 28 : Le schéma qui résulte de kumadisè-sikè-kumadisè-siké

Au début, je pensais que, pour déterminer les quatre signes initiaux, on pourrait faire de la manipulation, étant donné que le nombre de schémas, 256, est relativement faible. Toutefois, j'ai trois raisons de croire qu'il ne s'agit pas d'une manipulation :

1) Tout d'abord, ce n'est pas toujours l'expert qui fait les quatre signes initiaux ; il fait souvent appel à un profane pour les opérations de la phase 2, généralement quelqu'un qui est là par hasard. Il est aussi possible que le client lui-même ait effectué la phase 2 à la maison et vienne chez Namagan avec un papier comportant les quatre signes. De ce fait, on peut faire un schéma de divination aussitôt après la présentation au sable (phase 1) [2].

---

[2] Souvent, quelqu'un peut justement manipuler les signes de façon explicite. Ainsi, j'ai pu voir en août 2003 comment un beau-frère de Namagan (pas un « expert », mais plutôt un profane) recommença à faire quatre signes initiaux parce qu'il ne voulait pas avoir de *nimisa* parmi les quatre signes initiaux. Mais cela ne veut pas dire qu'il ne doit pas en avoir dans une prochaine étape.

2) La deuxième raison pour laquelle je pense qu'il n'y a pas de manipulation réside dans le caractère personnel de chaque consultation. C'est pourquoi les interprétations sont, à l'exception de quelques cas, liées aux personnes (voir phase 3); aussi bien Namagan que le vieux Bala me disaient que le choix d'un sacrifice ainsi que la position pour le sacrifice diffèrent par individu. On peut donc trouver la variété dans l'interprétation en dehors du schéma, ou même en dépit du schéma.

3) Une troisième raison: il est contre-productif de manipuler les signes initiaux, car on court ainsi le risque de cacher la vérité que le sable révèle. J'en donne comme exemple l'événement suivant.

Namagan lui-même a demandé, une fois, à un élève de produire un schéma avec *siké* et *nimisa* afin que se réalise «une bonne année». L'élève a ensuite produit les signes initiaux *kumadisè, kumadisè, jubidisè* et *siké*. Cela donna la figure 29 comme résultat.

L'absence de *nimisa* dans ce schéma a poussé Namagan à conclure qu'il était question de «trahison *(janfa)* par un collègue». Cet exemple montre que Namagan a intérêt à ne jamais manipuler les signes initiaux; sinon il n'aurait jamais découvert la «trahison».

Figure 29: Le schéma dans lequel Namagan souhaitait «nimisa»

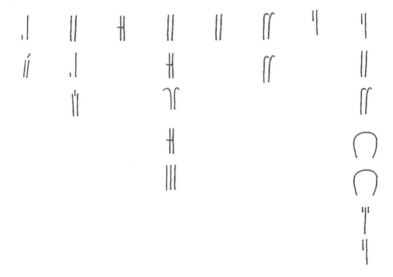

Pour résumer, la phase 2 consiste à déterminer plus ou moins par hasard une combinaison de quatre signes initiaux. Même si c'est facile à réaliser, la manipulation ici est pratiquement absente parce que les signes initiaux sont réalisés par un non-initié, chaque schéma a une interprétation liée à une personne et toute manipulation est contre-productive.

INTERROGATION DU SABLE

Cette partie de l'interprétation consiste à répéter plusieurs fois la même opération. Cette opération est composée de la combinaison de deux éléments : le fait de jeter deux moitiés de noix de cola et de poser une question. Celui qui pose la question dit d'abord comment il veut que les noix de cola tombent en relation avec la question : avec la partie extérieure ou intérieure en haut. Par exemple : si la noix de cola tombe avec les deux côtés «ouverts», alors une poule est un bon sacrifice. La façon dont on souhaite que les morceaux de cola tombent peut être différente selon la question. Une question peut être reposée quand les noix de cola tombent de façon non souhaitée. Mais le plus souvent on pose toujours une nouvelle question. Les questions concernent toutes sortes de sujets autour de l'affaire principale pour laquelle le devin consulte le sable.

Je ne vois pas clairement à qui l'expert offre le sacrifice et à qui il pose les questions. Vraisemblablement cela dépend des sessions et du client. Souvent le sacrifice est adressé à Allah, mais aussi quelques fois au sable ou aux *basiw* de quelqu'un (voir «Par qui, pour qui ?»).

Lorsqu'il jette les deux moitiés de noix de cola, il arrive souvent que le devin morde un bout d'une des moitiés de cola. De cette façon il met celle-ci en désavantage et cela peut être nécessaire par rapport à la question qu'il pose spécifiquement à cette moitié. Il continuera cependant à jeter les deux moitiés.

Dans cette phase l'expert boit le plus souvent un liquide (de l'eau ou une boisson alcoolisée) et ce liquide, mélangé avec le morceau de cola bien mâché, est craché sur le sable et souvent, en fonction de la nature de la session, sur son *basi*. Le crachat de ce mélange se fait en formulant des questions ou des bénédictions. C'est là une preuve de la force de la parole pour les peuples ouest africains du Mandé (auxquels appartiennent les habitants des Monts Mandingues).

Quelle peut être la portée des questions posées par un expert ?

Cette question est apparue lors d'une session avec un *bakolo* de cinq *maromaro*, que Namagan a exécuté en août 2003 sur la demande d'un certain « Bayibayi » (voir aussi Annexe I). Bayibayi, une vague connaissance de Namagan venant de la Guinée, avait demandé par lettre au devin de voir s'il avait encore des chances de marier une certaine femme de Farabako. Namagan posa des questions sur le sujet, et en plus demanda au sable si Bayibayi allait le rémunérer pour son « travail » (*baara*). La réponse était claire, même quand Namagan posait la même question de plusieurs facons : Bayibayi n'allait jamais lui être reconnaissant pour les efforts fournis. Toutefois, Namagan acheva la session (à travers un schéma de divination et le sacrifice d'une poule, voir Annexe I), mais à moi il me dit les mots suivants : « *Bayibayi bè ne janfa, mè a tè se ka kènyèmansa janfa.* » (« Bayibayi peut me tromper/trahir, mais il ne peut pas tromper/trahir le roi sable[1]. »)

De nombreuses questions de l'expert sont liées à la nature du sacrifice : le sacrifice était-il bon, sinon, lequel est le bon, et, si Namagan ne dispose pas du sacrifice prescrit, avec quel autre doit-il le remplacer provisoirement ? Surtout quand le sacrifice concerne le remboursement d'une ancienne promesse, le devin cherche à savoir s'il peut le remplacer par quelque chose d'autre ou si un report est accepté. Une fois qu'il a dessiné un schéma, ce dernier peut souvent laisser voir que d'autres sacrifices sont nécessaires.

---

[1] Je n'ai malheureusement pas pu savoir si la session avait conclu que Bayibayi allait épouser la dame.

PHASE 4

DÉTERMINATION DU SACRIFICE ET INTERPRÉTATION DU SCHÉMA

Après avoir fait la présentation au sable et trouvé les signes initiaux, la phase 2 consiste à dresser le schéma avec 22 cases. Namagan appelait ce schéma un *kènyèba* (ou *cènba*), ce qui veut dire «mère sable» ou «grand sable[1]». Parfois, Namagan l'appelait *modèli*, un néologisme emprunté au français.

Souvent, l'interprétation ne dépend pas de pouvoir lire le schéma, mais l'on doit d'abord jeter des noix de cola (phase 3) afin de comprendre clairement la problématique exprimée par le schéma de sable. Une fois que l'interprétation du schéma est claire, on sacrifie quelque chose sur un certain signe ou divers autres. On utilise ensuite ces sacrifices dans un parcours dans lequel on s'attend à ce qu'ils produisent un certain effet. Le plus souvent le sacrifice est composé de feuilles auxquelles on attribue une certaine force médicinale. Le client doit bouillir ces feuilles dans de l'eau et se laver avec la décoction. Ceci a un effet protecteur. Un homme doit se laver trois fois, une femme quatre fois[2].

À part les feuilles, on peut aussi sacrifier un coq ou une poule. Les couleurs des plumes (rouge/noire/blanche) et le sens de la parure des plumes exigent une précision rigoureuse: il s'agit d'un discours en soi auquel seuls les experts participent. Cependant, le devin dit rarement pourquoi la poule ou le coq doit justement avoir cette composition spéciale; le «discours sur les poules» a une teneur assez ésotérique[3].

---

[1] D'après Moussa Fofana les deux termes veulent dire la même chose. Sauf que *kenyè* est plutôt maninka et *cèn cèn* est la version bambara.

[2] Pair représente l'harmonie, la stabilité et la féminité; impair représente la rivalité, le changement et la masculinité.

[3] En voici une illustration: au cours de ma première semaine à Farabako, j'ai reçu une

Par rapport à d'autres sacrifices que j'ai vus dans le sable, les analogies et anomalies sont (aussi) centrales. Je donne quelques exemples d'une série apparemment illimitée :

Sacrifier de la poudre d'or et ensuite la donner au client pour qu'il l'enterre à l'entrée de la boutique : cela apporte de la richesse.

Attacher ensemble deux pierres de couleur différente à l'aide d'un fil, les mettre dans du plastique et jeter dans une rivière pour que le problème reste noyé pour toujours.

Casser un œuf sur le chemin d'accès du village pour montrer que toute tentative de créer le désaccord est vouée à l'échec.

Chercher une noix de cola de la forme d'une tête de cheval (*sokunwòrò*) et l'offrir à quelqu'un.

Enterrer avec précaution un ou plusieurs œufs ; ils ne doivent pas se briser pour la préservation de l'harmonie.

Mélanger des grillons, dont on a enlevé les pattes, dans de la poudre de plantes médicinales.

Donner de bons habits à un sans-abri.

Déterrer un morceau de racines d'un arbuste *sunsun*, le découper et le sacrifier ensuite sur trois fois *jubidisè* et une fois *jubidibinè*, le poser à l'envers dans la terre, mettre dessus de l'argile et de l'eau et de cette façon « réparer » (*dila*) un mariage. Selon Namagan cela comporte un danger : « Si quelqu'un arrache le *sunsun*, c'est la fin du mariage » (cf. Bertaux 1983 : 125).

Attacher des arbustes les uns aux autres pour qu'ils croissent l'un dans l'autre (afin d'améliorer un mariage).

Utiliser seulement l'écorce du côté est ou du côté ouest d'un cer-

---

poule d'un habitant : un cadeau normal de bienvenue. La poule avait un plumage multicolore. Le même soir, un homme vint me voir dans ma case pour me dire qu'il avait besoin de ma poule. Il s'est avéré qu'il cherchait précisément une telle poule pour un sacrifice qu'il devait faire. La personne qui m'a donné la poule m'a expliqué la situation en me demandant si je voulais bien l'échanger contre une autre avec un plumage différent. Bien entendu, je n'y trouvais pas d'inconvénient.

tain arbre pour la préparation d'un médicament.

Faire bouillir la plante médicinale *sègènyèjatigifaga* (littéralement : « tuer l'hôte de la décoction » pour chercher du travail et même surpasser son chef[4].

Le schéma à 22 positions ne prescrit pas seulement la nature du sacrifice, mais fournit aussi au devin toutes sortes d'idées. Ces idées ne sont pas toujours en relation avec l'affaire principale. Ainsi Namagan prévoyait souvent que quelqu'un allait avoir un garçon ou une fille ; souvent il ajoutait même le nom. Il a souvent des inspirations du genre : « le patient connaît lui-même la cause de la maladie » ou « la maladie n'est pas mortelle », ou encore « une femme d'une autre concession est mêlée à l'affaire ». Cela a certainement, volontairement ou non, un effet sur le client (je vais m'abstenir de spéculer sur cet aspect[5]).

Les sacrifices sont souvent compliqués. Il y a, de surcroît, la question de savoir si le visiteur est en mesure de bien retenir le sacrifice, surtout quand il doit en effectuer plusieurs. Comme exemple de sacrifices difficiles je peux mentionner un certain nombre : « un coq blanc qui pousse des cocoricos aux environs de midi » ou « alimenter un coq pendant cinq jours seulement avec un certaine herbe indigène et ensuite le libérer ».

Les instructions sur l'exécution des sacrifices sont au moins aussi compliquées. Par exemple un homme du village de (Sobara-) Kènyèba devait prendre l'écorce d'un arbuste dont personne de ceux qui étaient présents n'osait prononcer le nom, mais qui pousse sur un caïlcedrat spécifique en dehors du village[6]. Cette écorce devait être moulue et de la pulpe on devait faire deux boules qui ne devaient (plus) se toucher. On devait prendre un peu de chaque boule

---

[4] Selon Boubacar Tamboura, les devins donnent souvent un tel traitement ; il pense que je l'ai certainement reçu une ou plusieurs fois (voir aussi la phase 6, plus bas).

[5] Moi-même je devenais toujours agité lorsque Namagan me faisait des prophéties sur mon avenir.

[6] Par rapport à cette session que j'ai aussi sur vidéo, Boubacar Tamboura donna le commentaire suivant : « Ceux qui sont présents savent de quel arbre il s'agit, mais le fait de prononcer son nom peut rendre quelqu'un vulnérable au poison magique (*koroté*). » Les parasites (*jatigifagaw*, littéralement « tueurs d'hôte ») sont des sources importantes pour les sacrifices et les médicaments, aussi chez les Bamana (comparer avec Bertaux 1983 : 123ss.)

et le dissoudre dans de l'eau. Cette eau devait rester pendant sept jours. Après ces sept jours le patient devait s'en servir pour se laver. Ce bain devait plus ou moins se faire en même temps que le sacrifice d'une poule (pas de coq) ayant un cou rouge. Dites-moi un peu si c'est facile à retenir?

De telles instructions peuvent aller de pair avec des prophéties précises comme, lors d'une session en août 2003: «Tu auras sept garçons et tu mourras le jour où le septième te trouvera à la maison lors des salutations après la circoncision.»

Malgré son contenu imagé et souvent même très imaginatif, je ne trouve pas que l'interprétation soit de l'invention pure mais plutôt une improvisation avec des thèmes fixes ou un récit adapté au client. Tout d'abord le devin regarde surtout les colonnes; les colonnes de gauche parlent des affaires en dehors du domaine familial, pendant que la colonne d'à droite traite surtout des relations avec des proches tels que les frères, les parents et les conjoints. Namagan sacrifiait surtout sur le côté gauche du schéma et sur le signe final (position 22). De plus il sacrifiait souvent sur des signes identiques dans le schéma et sur deux signes qui, pour lui, étaient couchés de façon significative l'un sur l'autre ou l'un à côté de l'autre. La façon dont Namagan se comportait avec mes «schémas impossibles» (voir plus haut la note 3 à la page 55) confirme mon impression qu'il y a des règles fixes dans l'interprétation (et donc que j'ai encore beaucoup à apprendre).

Avec la recherche du sacrifice et leur signification, on a l'impression que les caractéristiques esthétiques sont très importantes. On est charmé par les belles formes dans le schéma ou par l'apparition fréquente d'un certain signe (voir aussi figure 29 de la phase 2[7]). Toutefois, la beauté est rarement le but principal de l'élaboration d'un schéma.

Selon moi, la beauté du schéma était tout de même un motif important lors d'une session, les 25-26 août 2002 – dont on me dit plus

---

[7] Eglash (1997 et 1999) se laisse inspirer par les «fractales» et de ce fait met la géomancie (avec 16 cases) en rapport avec des modèles graphiques qui se répètent sur une échelle de plus en plus petite (16-8-4-2-1). Cet aspect esthétique de la «fractale» – sur lequel selon moi Eglash met trop d'accent, ce qui fait qu'il sort la géomancie de son contexte de production – est bien entendu absent du système de 22 positions.

tard qu'il s'agissait de la «libération» (*labila*) de Nanwali Kanté, un jeune homme de Farabako. Cette session commença avec, de droite à gauche, *kumadisè, nimisa, siké, jubidibisè*, et aboutit à la quatrième étape avec un motif formidable (voir figure 33). Bien entendu, les experts savent cela à l'avance! De plus la quatrième étape est en même temps la «fin», parce qu'une éventuelle cinquième étape sera identique à la quatrième (voir figure 33). Regardez maintenant les figures 30-33 et voyez comment naît, «tout d'un coup», un «joli» schéma.

Figure 30: La «libération» de Nanwali, première étape

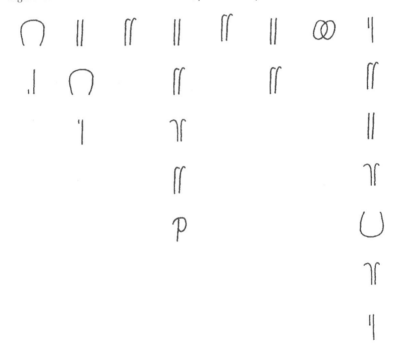

Figure 31 : La « libération » de Nanwali, deuxième étape

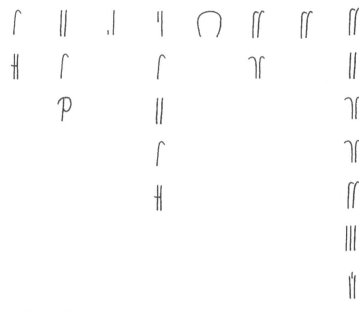

Figure 32 : La « libération » de Nanwali, troisième étape

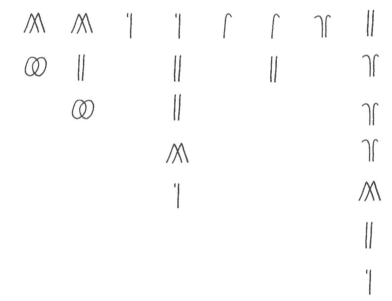

Figure 33 : La « libération » de Nanwali, quatrième étape

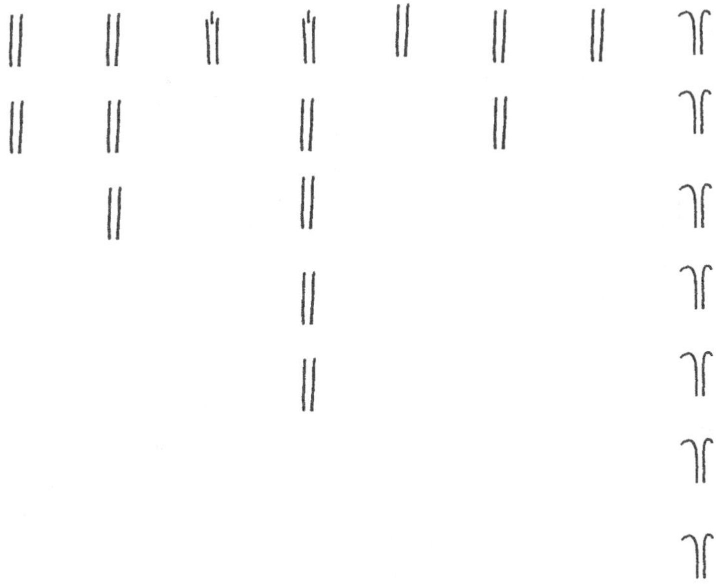

L'EXÉCUTION DU SACRIFICE – UNE IMPRESSION D'INTENSITÉ ET DE PRÉCISION

L'attention avec laquelle le devin traite ses outils apparaît non seulement dans ce qu'il dit, mais aussi dans tous ses mouvements. On dirait que le devin « sent » comment et quand il doit faire telle ou telle chose. Par exemple, lors de sa « session de libération », Nanwali (voir phase 4) devait sacrifier sept noix de cola blanches et rouges aux sept signes *nyagaranbinè* qu'il reçut finalement dans la quatrième étape (voir figure 33). Il les posa, comme si cela allait de soi, dans les sept fois deux « aisselles » des sept signes *nyagaranbinè*. Après le sacrifice des feuilles aux noix de cola, il les tira à lui des deux mains dans un mouvement ininterrompu et lent. L'intensité et le calme avec lesquels il opérait étaient splendides à voir.

Au fil des années, j'ai été impressionné par le soin et l'attention minutieux, et souvent même exagérés, avec lesquels un devin faisait son travail. Pour faire un « objet de pouvoir » (*basi*), il faut compter plusieurs heures. Par exemple, il faut d'abord nettoyer une corne de bélier, ensuite limer ses côtés rugueux et après mettre dans la corne un objet ou un morceau de papier écrit. Pour finir, il faut y crachoter (*tu*) des bénédictions, fermer la corne et l'entourer d'un fil de coton et, pour parfaire le tout, faire dessus un sacrifice de telle sorte que le *basi* reçoive une couche de sang coagulé. Chacune de ses opérations est exécutée par le devin avec beaucoup de précaution et de précision. Par exemple, en sacrifiant une poule, il doit éviter de couper une seule plume[1].

---

[1] Je remercie Walter Van Beek pour avoir attiré mon attention sur la précaution avec laquelle il fallait égorger une poule. Il l'avait appris lors de ses propres recherches chez les Kapsiki (Cameroun) et les Dogon (Mali).

Le devin donne aussi des instructions précises au client pour que celui-ci se comporte correctement pendant le sacrifice. Le client doit le plus souvent poser sa main droite sur la poule ou les feuilles qui sont sacrifiées, pendant que l'expert parle. Souvent, le client doit se tenir debout dans le schéma de sable, de sorte qu'il est littéralement absorbé dans le sacrifice et le sable. Cela donne, bien entendu, une grande impression d'intensité.

Je considère l'attention pour l'outil du sacrifice comme une forme de soin que le client mérite selon le «code de profession» de l'expert. Je ne trouve pas que cela soit unique pour les experts en divination des Monts Mandingues ; on trouve par exemple un tel code chez les experts médicaux du début des temps modernes. Dans son excellent brevet d'histoire de la médecine *Blood and Guts*, Roy Porter (2003 : 37-38) écrit ce qui suit sur les docteurs «hippocratiques» de cette période, quand la connaissance biomédicale était encore limitée et que beaucoup de médecins devaient surtout se contenter des soins qu'ils pouvaient offrir :

> (…) Le médecin des temps anciens devait faire un choix entre les options conservatives hippocratiques (attendre et observer, le repos, les remontants, le soin, les mots de consolation, le calme et l'espoir) et les possibilités héroïques, y compris les purges violentes, les saignées drastiques (la préférence de Galène) ou un autre remède de bonne femme. Souvent, la décision était prise pour lui : des patients grincheux avaient de fortes options sur le meilleur traitement pour «leurs» maladies, et comme c'étaient eux qui payaient, il fallait faire ce qu'ils voulaient[2].

La description que fait Porter des médecins du début des temps modernes de la société européenne est comparable à la conception de Namagan (voir «Par qui, pour qui») selon laquelle il y a trois sortes

---

[2] «(…) the old-style doctor had a choice between the conservative Hippocratic options (waiting and watching, bed-rest, tonics, care, soothing words, calm and hope) and 'heroic' possibilities, including violent purges, drastic blood-letting (Galen's preference) or some pet nostrum of his own. Often his decision was made for him : crusty patients had strong opinions about the right treatment for «their» illnesses, and he who paid the piper called the tune.»

de relations et le client, à travers son propre diagnostic des causes de son mal, détermine la durée de la relation.

L'accomplissement d'un sacrifice s'accompagne de certains mouvements et attitudes[3]. Pendant que lors de l'interprétation et l'élaboration du schéma de divination, l'expert est assis sur le sol, les deux jambes droites devant et le corps légèrement tourné à droite vers le sable, lors du sacrifice, il est plutôt accroupi, avec ces pieds à plat sur le sol – une attitude que l'on apprend, depuis l'enfance, en Afrique de l'Ouest lors des repas communs ou pour aller aux toilettes. Le devin crache (*tu*) quand il prononce une « formule magique » (*kirisi/kilisi*). Il « crache » le plus souvent sur l'objet qui est sacrifié ou sur le *basi* « objet de pouvoir » qu'il fabrique, mais il peut tout aussi bien cracher sur le couteau avec lequel on égorge l'animal sacrifié. Le crachat est composé le plus souvent de salive, mais souvent c'est aussi de l'alcool ou de la noix de cola mâchée.

Le fait de cracher les mots souligne la valeur et la force du mot prononcé. La preuve de la force des mots m'a été donnée quand Namagan m'a permis d'enregistrer ses *kirisiw* (pluriel) et de les copier (phonétiquement) dans mon cahier de notes, mais ne me donna pas la permission de les publier. Et pourtant, il ne se faisait jamais de souci par rapport à d'autres informations qu'il me donnait[4].

La force de la parole du devin se manifeste aussi dans les longues bénédictions incantations et présentations au sable prononcées lors d'une session (voir aussi « Prélude » et « Phase I »). Par rapport à cela, j'avais l'impression que la durée des paroles était déterminée, d'un côté, par l'importance de l'affaire et de l'autre côté par l'intensité de la relation entre l'expert et son client.

Beaucoup d'opérations produisirent sur moi une impression violente, mais peut-être, à l'instar de Porter, dois-je les appeler « héroïques ». Le plus souvent, les devins projettent les poules sacrifiées

---

[3] Les mouvements sont, je suppose, déterminés sur une base régionale ou locale. Boubacar Tamboura me fit remarquer qu'à Farabako, on finit généralement la présentation au sable avec un claquement de doigt alors qu'il est courant ailleurs de le faire avec un balancement de la main vers le haut.

[4] C'était là la seule interdiction définitive à laquelle j'ai eu affaire à Farabako (voir aussi à la page 87). Est-ce à dire que ma description de la géomancie est trop unilatérale et que je mets l'accent de façon inappropriée quand je décris les capacités de l'expert vu que je me base justement sur les choses au sujet desquelles personne ne faisait objection à ce que je les apprenne ?

un peu plus loin, par exemple au milieu de la cour où elles se débattent contre la mort. Avant cela, on asperge le sable et le *basi* du sang de la poule. Par exemple, en août 2003, Namagan avait secoué longuement la poule qu'il venait d'égorger pour la sacrifier à Danbakoriya («Stop à la Trahison»), un *basi* avec une corne de bélier comme support que Namagan avait fait pour moi afin de me protéger contre la rivalité des collègues. «Le *basi* demande du sang», m'expliqua-t-il. Le fait aussi de déchirer le bec de la poule me donna des frissons: je connais l'opinion des gens sur la force de la parole et cette «réduction au silence» m'impressionna beaucoup. Je fus surtout effrayé en voyant la chèvre être jetée à l'improviste de la fenêtre tout juste au-dessus de ma tête lors d'une session qui se déroulait en mars 2000 dans la chambre privée de Farabako-Jigin et durant laquelle les experts de Farabako devaient, ensemble, découvrir l'identité d'un voleur de bétail.

Ce ne sont pas seulement les actions, mais aussi les paroles qui peuvent être «héroïques». J'en veux comme exemple une promenade dans la «brousse» en août 2003. Peu avant, Namagan avait sacrifié dans sa propre case sept morceaux de bois (dont les bouts étaient pointus) sur chacun des sept signes *maromaro* dans un schéma de divination. Ce sacrifice avait pour but de permettre le payement du reliquat de salaire d'un client venant de Bamako. Namagan enfonça les sept bâtonnets, à quelques centimètres de distance l'un de l'autre, dans un arbre un peu en dehors de la ville. Cela eut comme effet de fendiller l'écorce entre les sept bâtonnets. En même temps qu'il enfonçait les bâtonnets, il se mit à proférer des insultes grossières et même des menaces du genre: «S'il est vrai que ton chef mange avec la bouche et se sert de son anus pour chier, il te payera. Si au contraire, il mange avec son anus et fait caca avec la bouche, il ne te payera point.» Namagan m'expliqua: «*Maromaro (bè) ko minè a tigi la.*» (Cette expression veut direct «*Maromaro* va l'obliger»; littéralement cela veut dire «*Maromaro* enlèvera l'affaire des mains de son propriétaire».) Il m'expliqua que le chef aura seulement la conscience tranquille quand les fissures entre les bâtonnets se seront recomposées. Ce qui veut dire que le sacrifice n'est pas absolu, mais a un effet temporaire.

Pour rester dans la terminologie de Porter, c'est la combinaison des deux choses : « prendre soin de » et l'aspect « héroïque » qui font de la session de divination un événement personnel, intensif et impressionnant pour le client. Ce dernier est tiraillé (ou même affolé) entre tranquillité et connaissance d'un côté, opposées à violence et action de l'autre. Un exemple : après avoir minutieusement déterminé la couleur de la poule ou du coq, lui avoir tranché le cou et l'avoir projeté par terre, l'on va ensuite discuter longuement sur la façon dont les pattes de la poule sont disposées. C'est surtout la position des pattes par rapport aux points cardinaux qui est importante.

DIMENSION SOCIALE
DU SACRIFICE

La dernière phase que j'ai remarquée et qui fait partie intégrante des opérations du devin est la formation d'un réseau social. Le sacrifice représente, de ce fait, une construction sociale. Tout d'abord la relation entre l'expert et le client/patient s'approfondit et acquiert une dimension hiérarchique spécifique. Tandis que c'est le client qui prend l'initiative de rendre visite au devin, ce dernier prend vite la situation en main. Le devin change par exemple le cours des événements en ne terminant pas son schéma; une fois Namagan laissa la position 19 ouverte. Comme raison invoquée, il affirma que, si, entre le moment de l'écriture du signe sur la position 19 et l'accomplissement du sacrifice, quelqu'un entrait, le client allait mourir. C'est pourquoi il devait attendre. Selon moi, de telles tournures inattendues permettent au devin de reprendre l'initiative.

Je trouve que «la reprise de la situation en main» est une stratégie pour «trouver», à travers un sacrifice, la nécessité d'un autre. Ou d'ajouter, sans information supplémentaire, un autre sacrifice. Je vais illustrer plus tard, dans ce paragraphe, cette stratégie sur la base de la session qu'en 1999 j'avais sollicitée pour être fixé sur ma carrière universitaire[1].

La naissance d'une relation solide entre le devin et le client est un des éléments d'une plus grande stratégie : avec son sacrifice le devin aborde un réseau, une série de relations sociales qui permettent de résoudre le problème. Le patient/client est, comme qui dirait, de nouveau repositionné dans la société.

---

[1] Demander une séance pour moi-même était alors le seul moyen pour avoir des enregistrements de son. En effet, au début de ma recherche, Namagan ne permettait pas de faire des enregistrements des sessions afin de ne pas dévoiler l'identité des clients. En 2002, quand je suis venu avec une camera vidéo, il n'a plus jamais fait cette objection. J'ai l'impression qu'à Farabako, les gens se sont tellement habitués à moi et au fait que je faisais beaucoup d'enregistrements, qu'ils n'en font plus un problème.

Le schéma de la séance qui m'était consacrée en novembre 1999. Sur le signe garela(n) sont déposées les plantes que la femme de Namagan avait fait bouillir pour moi et avec lesquelles je me suis lavé trois fois. Sous le signe tèrèmèsè *est posé un œuf que j'ai dû casser à l'entrée du village pour montrer qu'à Farabako toute tentative de créer le désaccord était vouée à l'échec.*

Essayons d'élucider un peu plus cette formation de réseau. Quand, en 1999, je sollicitais moi-même une session pour connaître mon avenir dans l'africanisme (le résultat était, soit dit en passant : aucun problème en vue), le sacrifice signifiait en même temps la mise en place d'un réseau. Cela se passa ainsi : après la consultation du sable, Namagan m'imposa un sacrifice relativement important : un bélier blanc. Ce sacrifice paraissait tellement important que des représentants de toutes les familles de Farabako et quelques amis de Namagan des villages environnants y furent invités. J'ai aussi entendu en ce moment, à travers des intermédiaires, que je devais sacrifier un bœuf blanc si la prophétie se réalisait.

À mon retour en 2002, mon contrat ayant été prolongé, j'ai donc annoncé, à la surprise de beaucoup, que je voulais sacrifier un bœuf.

Apparemment, ce sacrifice était tellement grand que de grands devins des villages environnants furent invités. À la fin, ces derniers retournèrent à la maison avec de grands tas de viande. Ainsi, j'avais l'impression que, en cas de problème public, la taille du sacrifice dépend directement de la taille du groupe de gens entre lesquels ce sacrifice est distribué ; ce qui fait que le sacrifice produit le maximum de sympathie. Un sacrifice est censé être partagé ; plus grand est le sacrifice, encore plus grand est le nombre de gens qu'il pourrait atteindre – on ne doit pas tout manger soi-même !

Le sacrifice est donc en partie un investissement dans la société qui doit aider à la résolution d'un problème. Là, le client joue également, sans le savoir, un grand rôle parce que lui aussi devra mettre en place son propre réseau. Lors du sacrifice, le devin a en effet besoin des noms des personnes qui peuvent aider le client (ou lui faire obstacle). L'importance des noms m'est apparue lors de ma session de 1999 quand, à la grande surprise (ou même irritation) de tout le monde, je refusai de donner des noms (en partie de peur que ces personnes ne soient victimes des forces du mal). Ainsi, le bélier et le bœuf ont été sacrifiés pour être dans les bonnes grâces de tout le gouvernement des Pays-Bas. Cela me parut un moindre mal, plutôt que d'impliquer mon directeur d'études Peter Geschiere ou le Doyen de ma Faculté…

C'est surtout le jour suivant que j'étais content de n'avoir pas donné de nom. En effet, après m'être lavé trois fois avec un extrait de plante (peut-être pour surpasser mon chef, je n'ai jamais demandé cela… - voir page 77, note 4), Namagan donna à un élève l'ordre de chercher un coq noir (!). Cela m'est apparu comme un coup de tonnerre dans un ciel serein – on venait d'ajouter un sacrifice que moi-même je n'avais pas mentionné. Au coucher du soleil (! - l'obscurité est le royaume des esprits), ce coq a été tué en dehors du village (où les esprits règnent) et enterré (donc non pas mangé avec les autres habitants) dans un trou dans lequel il y avait un schéma de 22 fois le signe « *nimisa* » (pair impair pair pair ; un des rares signes dont je sais avec sûreté qu'il peut faire «quelque chose» avec les mauvais esprits…).

Ce coq « travaillera » (*ka baara kè*) – dans la terminologie de Nama-

Namagan Kanté sacrifie pour moi, au coucher du soleil, un coq noir et l'enterre en dehors du village dans un trou rempli aussi de 22 signes nimisa.

gan – dès cet instant pour faire que le «gouvernement des Pays-Bas» soit bien intentionné à mon égard. Si j'avais donné les noms de Geschiere ou du Doyen, je pense que j'en aurai vraiment gardé un sentiment désagréable…

Il est intéressant de voir comment le devin «oblige» son client à constituer son organisation sociale à travers laquelle ce dernier doit trouver la solution. Le client doit lui-même décider «qui est réellement important» – c'est là quelque chose que je ne connaissais pas par rapport à mon propre futur – et cela aura (consciemment ou inconsciemment) de l'influence sur son comportement.

Ce principe «d'analyse de soi-même» m'est apparu clairement quand un jeune éleveur qui fut accusé d'avoir provoqué un «feu de brousse», chercha le conseil de Namagan[2]. De la conversation, je pouvais conclure que le jeune était mal informé des réseaux locaux et des principales personnes qui y participaient – il ne connaissait personne qui pourrait être derrière l'accusation – et la session avec Namagan lui aura permis de prendre conscience de son peu de «capital social». Mon propre choix de «gouvernement des Pays-Bas» comme responsable de ma carrière peut être comparé à cela: c'est surtout la reconnaissance du fait qu'un jeune chercheur ne sait pas qui doit finalement honorer ou refuser sa demande de recherche.

Le devin a certainement beaucoup de connaissance sur l'interprétation du schéma de divination et est certainement un connaisseur des plantes médicinales, mais sur la base de ce qui précède, il apparaît que le client apporte une contribution à la solution «personnalisée» en laissant son réseau s'y impliquer. De nouveau s'impose ici un parallèle avec la description que fait Porter du monde de la médecine (voir phase 5) dans lequel le patient aussi est un facteur déterminant dans le processus du traitement que le médecin propose.

Un autre moment qui donne de la force à l'action du devin

---

[2] De tels feux de brousse sont une source structurelle de tension. Les éleveurs trouvent leur compte dans les incendies de forêt au début de la saison sèche parce que, pendant la saison sèche, il pousse de jeunes herbes qui peuvent servir de nourriture pour les bœufs. Contrairement à la population locale, composée de cultivateurs pour la plupart, pour qui les feux de brousse sont un grand danger parce que leurs villages et leurs greniers (dans la forêt) peuvent prendre feu. Pour une analyse approfondie de ce phénomène, voir Laris 2002, une des rares recherches qui ait jamais eu lieu dans les environs de Farabako.

est quand il doit définir la thérapie à suivre. En effet, ce moment connaît des tournures inattendues et dure toujours plus longtemps qu'annoncé. La poule noire qui a été enterrée pour moi en est un bel exemple. Cette prolongation de la thérapie «hospitalise» - comme qui dirait- le client. Le devin limite les souhaits et la liberté d'action du client; il prend l'initiative dans le traitement et de ce fait prend la direction des choses en main. Même le fait d'ajouter un «sacrifice supplémentaire» (comme le coq noir dans mon cas) est une stratégie qui permet au devin d'augmenter son emprise sur la situation. De plus, il y a, dans certains cas, des médicaments qui doivent être pris quotidiennement. De ce fait, le client doit rester beaucoup plus long-temps qu'il n'en avait l'intention. Un séjour peut même durer une année ; dans une telle situation naît une relation solide dans laquelle le client se sentira tributaire de l'expert pour le reste de sa vie. Par de telles relations, affirmaient la plupart des gens avec qui j'ai parlé, certains *somaw* ont pu acquérir beaucoup de richesse[3].

En définitive, les contributions des élèves (produire des des-sins dans le sable et chercher des plantes médicinales) et souvent même celles de l'épouse (bouillir les plantes et faire la cuisine pour les hôtes/clients de son mari), forment des aspects de «l'impres-sion management» par lequel le client – souvent un étranger – est impressionné par l'action et il/elle se sent pris(e) au sérieux et est convaincu(e) que son réseau s'est élargi.

Tout compte fait, le sacrifice est, à côté de tous les phénomènes qui n'étaient pas perceptibles pour moi, la création également d'un ensemble de relations et de processus de prise de connaissance par lesquels le client retourne à la maison avec plus de connaissance de soi et une meilleure appréciation de sa position sociale[4].

---

[3] Namagan, quant à lui, affirmait «avoir reçu», au fil des années, quelques bœufs de certains clients. Moi je soupçonne qu'il les a achetés avec des «clients» et que le com-merce, l'amitié et la géomancie – certainement en ce qui concerne Namagan, et peut être même de façon générale – sont intimement liés.

[4] Une comparaison avec le travail de Victor Turner est la chose la plus évidente, mais pour cela, je ne trouve pas que ce livre ethnographique soit le meilleur medium.

POSTFACE

La région de Sobara, au milieu des Monts Mandingues, occupe une position marginale dans l'économie de la zone au Sud de Bamako, la capitale du Mali. Le système de divination utilisé là-bas a une étendue géographique limitée. Son origine n'est pas connue, mais probablement s'agit-il d'une variation du fameux système des 16 cases connu dans une grande partie du monde. Ce qui rend unique cette forme de divination est le système d'enseignement formel de six leçons.

Farabako est un petit village (*dugu*); certains l'appellent même un hameau (*buguda*). À Farabako, Namagan Kanté est un organisateur important. Il achète le surplus de récolte et importe des biens durables. Il est aussi un innovateur dans ce pays Maninka; tandis qu'il paie autrui pour travailler dans son champ, il est lui-même occupé avec les soins du bétail des autres habitants du village. C'est à cause de cela, entre autres, qu'il entretient de nombreux contacts avec les éleveurs Fulbé (qui sont d'origine nomade), un groupe récemment installé à Sobara (cf. les Appendices dans Jansen et Diarra 2006) que beaucoup d'habitants locaux regardent encore avec un peu de méfiance. À part l'innovation, Namagan Kanté a redonné une nouvelle vie à une vieille tradition, il est le seul de sa génération qui consacre beaucoup de temps à la divination.

En 1999, Namagan était le seul à Farabako qui possédait une moto lui permettant de beaucoup voyager. Cette moto est pour Namagan un moyen pour la bonne exécution de ses nombreuses activités. Ses voyages, en combinaison avec son attitude novatrice et son respect de la tradition, font de lui, au sens propre et figuré, une personne difficile à saisir.

La divination est une activité que l'on pourrait, peut-être, parfaitement maîtriser, mais pour cela il faut la pratiquer activement (cf. Graw 2005). Je n'en suis pas arrivé là. Cependant, j'avais de la chance: un certain nombre d'aspects de la divination sont élaborés en un système d'enseignement formalisé. Cela est d'autant plus inattendu dans un contexte où jusqu'à une date récente, les écoles, occidentales aussi bien que coraniques, étaient absentes.

Heureusement qu'on ne formula pas d'objections à ce que je publie ce système d'apprentissage formalisé en première partie de ce livre. Avec cet accord, le coauteur de cet ouvrage, Namagan Kanté (ainsi que sa famille et ses collègues) apportent une importante contribution à l'ethnographie des Monts Mandingues.

La géomancie est (encore) aussi insaisissable pour moi que Namagan lui-même, qui paraît être toujours en voyage. Mes observations sur la géomancie des Mont Mandingues consistent surtout en un ensemble d'impressions auxquelles je donne moi-même un peu de cohérence et d'exhaustivité en l'appelant «Deuxième Partie» et en le divisant en six phases. J'espère que, avec la Deuxième Partie, j'aurais apporté également une contribution à l'ethnographie des habitants des Monts Mandingues. J'espère pour le moins qu'il est devenu clair que les techniques de géomancie sont indispensables pour les populations dans leurs prises de décision et la définition de leurs activités vitales.

N'i y'a faamu, i y'a faamu dòòni dòòni – «Si tu l'as compris, tu ne l'as compris qu'un tout petit peu.» Ces mots viennent du chauffeur de taxi Madou Doumbia (Bamako, 12 janvier 2006) qui voulait m'expliquer à quel point sa propre culture «Bamanaya» était complexe. Je pense qu'une telle modestie est de mise pour tout homme qui étudie la géomancie.

UNE PROCÉDURE STANDARD
PLUS CONCISE

LE « *BAKALO* » : SAUTER UNE ÉTAPE ?

Le but de la consultation du sable est d'élucider les problèmes. Par exemple pourquoi quelqu'un ne se sent-il pas bien ? Ou pourquoi une certaine activité ne se passe pas comme on s'y attendait ? Souvent, le problème est plus qu'évident, alors Namagan applique ce que j'appelle une « procédure de base ». Il s'agit d'un sacrifice sur une combinaison établie de signes. Namagan appelait cela un *bakolo*. *Kolo* veut dire « os » ou « squelette », *ba* veut dire « mère ». Bakolo est de ce fait « procédure de base ». Comme Namagan me le disait une fois : « Si tu connais déjà le problème, alors tu utilises les *bakolow*. » A ce *bakolo*, Namagan posait alors des questions (voir phase 3 de la Deuxième Partie).

Cinq signes maromaro *avec un grillage de paille.*

Un *bakolo* que je voyais Namagan régulièrement exécuter était une consultation et un sacrifice sur cinq codes *maromaro*[1]. Son exécution se passait « en brousse », souvent en présence du client. Sur les cinq codes *maromaro*, Namagan déposait un grillage de pailles (voir photo) avant d'interroger le sable en jetant des noix de cola (voir la phase 3 de la Deuxième Partie).

Namagan déplume la poule sacrifiée et jette les plumes sur la pierre sous laquelle se trouvent les cinq signes maromaro.

---

[1] *Maromaro* dans le système bamana s'appelle *janfa almani* (« trahison de l'enfant », selon Bertaux 1983). Bertaux a signalé la présence de la relation entre le chiffre cinq et le signe *janfa almani* vers Ségou (1983 : 123-125), mais peut-être que cette relation existe aussi dans d'autres régions.

Ensuite, il sacrifiait une poule blanche sur le grillage. À son tour, ce grillage fut couvert d'une grosse pierre. Pour finir, Namagan enlevait les plumes de la poule morte en sang et les éparpillait sur la pierre (voir photo).

Namagan expliquait ses actions par ces mots : « Ainsi, le sacrifice va continuer à être effectif. De cette façon, je peux aider les gens qui veulent se marier. Ce que je viens de faire, je l'ai appris avec un de mes maîtres qui vit dans les environs de Ségou. Je lui ai voué beaucoup de respect ; j'ai beaucoup travaillé pour lui et je lui ai donné beaucoup de bière (*dòlò*) [aussi, un signe de respect – JJ]. Alors, il m'a appris cela. Je fais cela pour un ami et à son tour il me montrera son respect, avec de l'argent et de la bière. Ce sacrifice est très efficace. »

Le vieux Bala Kanté montrait, en août 2002, un autre *bakolo*. Il en profita pour nous dire qu'il avait dû payer *wa fila* (10.000 F CFA) pour l'avoir et que nous qui étions présents ne devrions pas donner le secret à n'importe qui. Il dessina sur une rangée horizontale neuf signes *nimisa* et en dessous neuf signes *maromaro*. Sur les signes *nimisa*, on devait déposer un morceau de tissus (*fanni*) brûlé, et du beurre de karité sur les neuf *maromaro*. Cette procédure de base peut être utilisée à plusieurs fins.

Le « *BAKOLO* » : sauter une étape ou système autonome.

Je ne sais pas si le *bakolo* fait partie de la géomancie qui fait l'objet de mon étude ou s'il s'agit d'une forme autonome de divination. C'est pour cette raison que je traite du *bakolo* dans l'Annexe.

Il est difficile de faire la différence entre l'un et l'autre système de divination. Ainsi, le fils de Bala, Jankiné, me confiait en août 2003 à propos d'un système que lui appelait *tité*. Ce doit être proche de la divination – Jankiné m'a dit qu'il n'exigeait « qu'un sacrifice (*saraka*) et pas de *basi*. » Là-dessus un autre Jankiné Kanté, un jeune frère de Bala, me montra des dessins qu'il appela *cè bi-saba* (« trente hommes »). Je présume qu'il a obtenu cela lors de son long séjour à Bouaké (Côte d'Ivoire) d'où il revenait à cause de la guerre dans le Nord du pays. Ce *cè bi-saba* était une configuration complexe de signes et de codes que je connaissais en partie dans la géomancie (voir photos). Sur le papier (des deux images suivantes, celle qui est en bas) j'ai vu 22 codes *siké* et quand je les lui ai montrés, l'aîné Jankiné m'a dit qu'un tel schéma était «très mauvais» (cf. Bertaux 1983 : 120, note 7 pour 16 signes *siké* dans le système avec 16 cases ; cf. le note 3 à la page 50).

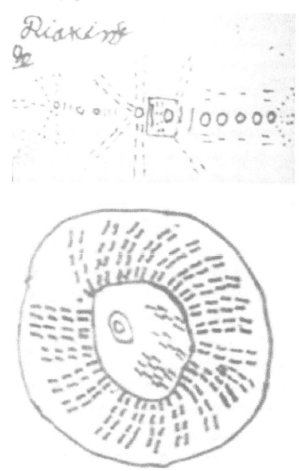

Deux dessins de «cè bi-saba», les «trente hommes»; les originaux sont environ sur format A4.

Le schéma avec les 22 *siké* – dans la forme ci-dessus ou dans un schéma de géomancie – n'est pas celui qui est utilisé comme *bakolo* quand un problème est clairement formulé. Une telle fonction est aussi réservée à certains des schémas avec 22 cases dont j'ai décrit la production dans la première partie. Quand j'ai demandé un jour à Namagan ce qu'il fallait faire quand quelqu'un demandait si sa femme pouvait avoir des enfants, il me donna le schéma de la «Leçon 3». Le sacrifice s'y rapportant consiste en trois morceaux de «savon local» (*farafinsèkè*) qu'on doit offrir à un lépreux et du beurre de karité que l'on donne à une femme qui doit l'utiliser (je ne sais pas comment) pendant ses périodes de menstruation. Namagan me montra ensuite un autre exemple de *bakolo* fixe: le schéma de la Leçon 2 («quatre *jubidisè*») peut être utilisé pour faire pleuvoir.

Il m'est impossible de savoir exactement si un schéma de géomancie comme les «trente-trois hommes» et le système avec «22 cases» sont des variations d'un phénomène plus étendu (cf. Van Binsbergen dans la «Réflexion de méthode» plus haut) ou deux systèmes plus ou moins autonomes avec chacun ses propres experts. En donnant dans ce livre beaucoup d'attention à un système, je suggère implicitement la dernière option, suivant ainsi l'opinion des experts locaux.

CONSÉQUENCES FORMELLES DU CHOIX DE QUATRE SIGNES INITIAUX SPÉCIFIQUES

J'ai consacré beaucoup de temps à la question de savoir si le nombre limité de schémas initiaux entraîne des conséquences formelles pour la nature de la géomancie dans les Monts Mandingues. Je suis extrêmement reconnaissant à Ed Noyons (CWTS, Université de Leiden) pour le schéma qu'il a développé pour moi en 2000 (dans Excel) pour ainsi tester mathématiquement certaines choses.

Après quelques années de remue-méninges et sur la base de mes observations sur le terrain, j'ai abandonné l'idée selon laquelle il y a *pour les experts des Monts Mandingues* un lien important entre le nombre limité de schémas initiaux et l'interprétation. Il y a, cependant, statistiquement parlant, des aspects remarquables au choix de seulement quatre signes. Dans les 256 schémas qu'ils produisent, chaque signe apparaît 16 fois à la position 22 – un phénomène qui est valable seulement dans un petit pourcentage (j'estime 6-8%) de toutes les combinaisons possibles de quatre « signes mères » précédemment placés. (Chaque signe vient par exemple aussi 16 fois à la position 22, quand, à l'intérieur du signe, les deuxième et quatrième « bit » sont pairs [c'est-à-dire, les 256 schémas qui proviennent des variations avec les combinaisons *siké-kumadibinè-katé-jubidibinè*].)

Mon admiration pour ce supposé « hasard » a considérablement changé avec les remarques de Paulus Gerdes (par écrit et oralement en 2004 et 2005), un expert dans le domaine de « l'ethnomathématique ». Il m'a dit - faisant référence à des recherches en Côte d'Ivoire - que les devins ont une si grande conscience des conséquences de leurs règles de jeu, qu'ils sont capables de faire des règles honnêtes.

Ce n'est que quand j'ai remarqué que les devins ne s'adressent pas seulement au signe à la position 22, le « signe final », que j'ai cessé de trouver important de déchiffrer les caractéristiques formelles des 256 schémas initiaux du système des Monts Mandingues. Pour eux, ce qui est important, c'est la combinaison des signes, l'absence d'un signe particulier ou du nombre d'un certain signe. En outre l'interprétation diffère par client.

BIBLIOGRAPHIE

Ascher, M. 1997. «Malagasy *Sikidy*: A Case in Ethnomathematics» *Historia Mathematica* 24: 376-395.

Ashforth, A. 2000. *Madumo, a Man Bewitched* (Chicago/London).

Bertaux, C. 1983. «La technique des prescriptions sacrificielles dans la géomancie Bambara (région de Ségou, Mali)» *Systèmes de pensée en Afrique noire* 6: 117-130.

Bailleul, Ch. 1996. *Dictionnaire Bambara-Français* (Bamako).

Binsbergen, W.M.J. van. 2008. «Islam as a Constitutive Factor in African 'Traditional Religion': The Evidence from Geomantic Divination» red. A. Breedveld, J. van Santen et W.M.J. van Binsbergen *Islam and Transformations in Africa* (Leiden).

Brenner, L. 2000. «Muslim divination and the history of religion of Sub-Sahara Africa» red. J. Pemberton III *Insight and Artistry in African Divination* (Washington/London): 45-59.

Colleyn, J.P (2005) «La géomancie dans le contexte bamana - Signes et objets forts» *Mande Studies* 7: 9-20.

Derive, J. et G. Dumestre. 1999. *Des hommes et des bêtes - Chants de chasseurs mandingues* (Paris).

Dieterlen, G. 1957. «The Mande Creation Myth» *Africa* 27: 124-137.

Eglash, R. 1997. «Bamana Sand Divination» *American Anthropologist* 99-1: 112-122.

Eglash, R. 1999. *African Fractals - Modern Computing and Indigenous Design* (New Brunswick NJ/London).

Geschiere, P.L. 2000. «Sorcellerie et modernité: retour sur une étrange complicité» *Politique Africaine* 79: 17-32.

Goffman, E. 1990 [1959]. *The Presentation of Self in Everyday Life* (London).

Graw, K. (2005) «The Logic of Shells: Knowledge and Lifeworld-*Poiesis* in Senegambian Cowrie Divination» *Mande Studies* 7: 21-48.

Jansen, J. 2002. *Les secrets du Manding- Les récits du sanctuaire Kamabolon de Kangaba (Mali)* (Leiden).

Jansen, J. 2006. «The Healer» red. A. Jones *Men of the Global South* (London/New York): 129-131.

Jansen, J. et M. Diarra. 2006 *Entretiens avec Bala Kanté – Une chronique du Manding du XXème siècle* (Leiden/Boston).

Jaulin, R. 1966. *La géomancie - Analyse formelle* (Paris/Den Haag).

Kassibo, B. 1992. «La géomancie ouest-africaine - Formes endogènes et emprunts extérieurs» *Cahiers d'Etudes africaines* 128: 541-596.

Laris, P. 2002. «Burning the Seasonal Mosaic: Preventive Burning Strategies in the Wooden Savanna of Southern Mali» *Human Ecology* 30-2: 155-186.

Marchand, T.H.J. 2001. *Minaret Building and Apprenticeship in Yemen* (Richmond, Surrey).

McNaughton, P.R. 1988. *The Mande Blacksmiths: Knowledge, Power, and Art in West Africa* (Bloomington/Indianapolis).

Peek, P.M. 1991. *African Divination Systems – Ways of Knowing* (Bloomington/Indianapolis).

Porter, R. 2002. *Blood and Guts - A Short History of Medicine* (London).